U0248014

格致方法·定量研究系列　吴晓刚　主编

广义线性模型导论

[美] 乔治·H.邓特曼(George H. Dunteman)
[加] 何满镐(Moon-Ho R. Ho) 著

林毓玲 译

SAGE Publications, Inc.

格致出版社　上海人民出版社

图书在版编目(CIP)数据

广义线性模型导论/(美)乔治·H.邓特曼,(加)
何满镐著;林毓玲译.—上海:格致出版社:上海人
民出版社,2019.3
(格致方法·定量研究系列)
ISBN 978 - 7 - 5432 - 2985 - 3

Ⅰ.①广… Ⅱ.①乔… ②何… ③林… Ⅲ.①线性模
型-研究 Ⅳ.①0212

中国版本图书馆 CIP 数据核字(2019)第 031242 号

责任编辑 张苗凤

格致方法·定量研究系列

广义线性模型导论

[美]乔治·H.邓特曼
[加]何满镐 著
林毓玲 译

出　　版　格致出版社
　　　　　上海人民出版社
　　　　　(200001　上海福建中路 193 号)
发　　行　上海人民出版社发行中心
印　　刷　浙江临安曙光印务有限公司
开　　本　920×1168　1/32
印　　张　4.25
字　　数　83,000
版　　次　2019 年 3 月第 1 版
印　　次　2019 年 3 月第 1 次印刷
ISBN 978 - 7 - 5432 - 2985 - 3/C·213
定　　价　32.00 元

出版说明

　　由香港科技大学社会科学部吴晓刚教授主编的"格致方法·定量研究系列"丛书,精选了世界著名的SAGE出版社定量社会科学研究丛书,翻译成中文,起初集结成八册,于2011年出版。这套丛书自出版以来,受到广大读者特别是年轻一代社会科学工作者的热烈欢迎。为了给广大读者提供更多的方便和选择,该丛书经过修订和校正,于2012年以单行本的形式再次出版发行,共37本。我们衷心感谢广大读者的支持和建议。

　　随着与SAGE出版社合作的进一步深化,我们又从丛书中精选了三十多个品种,译成中文,以飨读者。丛书新增品种涵盖了更多的定量研究方法。我们希望本丛书单行本的继续出版能为推动国内社会科学定量研究的教学和研究作出一点贡献。

总　序

　　2003 年,我赴港工作,在香港科技大学社会科学部教授研究生的两门核心定量方法课程。香港科技大学社会科学部自创建以来,非常重视社会科学研究方法论的训练。我开设的第一门课"社会科学里的统计学"(Statistics for Social Science)为所有研究型硕士生和博士生的必修课,而第二门课"社会科学中的定量分析"为博士生的必修课(事实上,大部分硕士生在修完第一门课后都会继续选修第二门课)。我在讲授这两门课的时候,根据社会科学研究生的数理基础比较薄弱的特点,尽量避免复杂的数学公式推导,而用具体的例子,结合语言和图形,帮助学生理解统计的基本概念和模型。课程的重点放在如何应用定量分析模型研究社会实际问题上,即社会研究者主要为定量统计方法的"消费者"而非"生产者"。作为"消费者",学完这些课程后,我们一方面能够读懂、欣赏和评价别人在同行评议的刊物上发表的定量研究的文章;另一方面,也能在自己的研究中运用这些成熟的方法论技术。

　　上述两门课的内容,尽管在线性回归模型的内容上有少量重复,但各有侧重。"社会科学里的统计学"从介绍最基本的社会研究方法论和统计学原理开始,到多元线性回归模型结束,内容涵盖了描述性统计的基本方法、统计推论的原理、假设检验、列联表分析、方差和协方差分析、简单线性回归模型、多元线性回归模型,以及线性回归模型的假设和模型诊断。"社会科学中的定量分析"则介绍在经典线性回归模型的假设不成立的情况下的一些模型和方法,将重点放在因变量为定类数据的分析模型上,包括两分类的 logistic 回归模型、多分类 logistic 回归模型、定序 logistic 回归模型、条件logistic 回归模型、多维列联表的对数线性和对数乘积模型、有关删节数据的模型、纵贯数据的分析模型,包括追踪研究和事件史的分析方法。这些模型在社会科学研究中有着更加广泛的应用。

修读过这些课程的香港科技大学的研究生,一直鼓励和支持我将两门课的讲稿结集出版,并帮助我将原来的英文课程讲稿译成了中文。但是,由于种种原因,这两本书拖了多年还没有完成。世界著名的出版社 SAGE 的"定量社会科学研究"丛书闻名遐迩,每本书都写得通俗易懂,与我的教学理念是相通的。当格致出版社向我提出从这套丛书中精选一批翻译,以飨中文读者时,我非常支持这个想法,因为这从某种程度上弥补了我的教科书未能出版的遗憾。

翻译是一件吃力不讨好的事。不但要有对中英文两种语言的精准把握能力,还要有对实质内容有较深的理解能力,而这套丛书涵盖的又恰恰是社会科学中技术性非常强的内容,只有语言能力是远远不能胜任的。在短短的一年时间里,我们组织了来自中国内地及香港、台湾地区的二十几位研究生参与了这项工程，他们当时大部分是香港科技大学的硕士和博士研究生，受过严格的社会科学统计方法的训练，也有来自美国等地对定量研究感兴趣的博士研究生。他们是香港科技大学社会科学部博士研究生蒋勤、李骏、盛智明、叶华、张卓妮、郑冰岛，硕士研究生贺光烨、李兰、林毓玲、肖东亮、辛济云、於嘉、余珊珊，应用社会经济研究中心研究员李俊秀；香港大学教育学院博士研究生洪岩璧；北京大学社会学系博士研究生李丁、赵亮员；中国人民大学人口学系讲师巫锡炜；中国台湾"中央"研究院社会学所助理研究员林宗弘；南京师范大学心理学系副教授陈陈；美国北卡罗来纳大学教堂山分校社会学系博士候选人姜念涛；美国加州大学洛杉矶分校社会学系博士研究生宋曦；哈佛大学社会学系博士研究生郭茂灿和周韵。

　　参与这项工作的许多译者目前都已经毕业，大多成为中国内地以及香港、台湾等地区高校和研究机构定量社会科学方法教学和研究的骨干。不少译者反映，翻译工作本身也是他们学习相关定量方法的有效途径。鉴于此，当格致出版社和SAGE出版社决定在"格致方法·定量研究系列"丛书中推出另外一批新品种时，香港科技大学社会科学部的研究生仍然是主要力量。特别值得一提的是，香港科技大学应用社会经济研究中心与上海大学社会学院自2012年夏季开始，在上海（夏季）和广州南沙（冬季）联合举办"应用社会科学研究方法研修班"，至今已经成功举办三届。研修课程设计体现"化整为零、循序渐进、中文教学、学以致用"的方针，吸引了一大批有志于从事定量社会科学研究的博士生和青年学者。他们中的不少人也参与了翻译和校对的工作。他们在繁忙的学习和研究之余，历经近两年的时间，完成了三十多本新书的翻译任务，使得"格致方法·定量研究系列"丛书更加丰富和完善。他们是：东南大学社会学系副教授洪岩璧，香港科技大学社会科学部博士研究生贺光烨、李忠路、王佳、王彦蓉、许多多，硕士研究生范新光、缪佳、武玲蔚、臧晓露、曾东林，原硕士研究生李兰，密歇根大学社会学系博士研究生王骁，纽约大学社会学系博士研究生温芳琪，牛津大学社会学系研究生周穆之，上海大学社会学院博士研究生陈伟等。

陈伟、范新光、贺光烨、洪岩璧、李忠路、缪佳、王佳、武玲蔚、许多多、曾东林、周穆之，以及香港科技大学社会科学部硕士研究生陈佳莹，上海大学社会学院硕士研究生梁海祥还协助主编做了大量的审校工作。格致出版社编辑高璇不遗余力地推动本丛书的继续出版，并且在这个过程中表现出极大的耐心和高度的专业精神。对他们付出的劳动，我在此致以诚挚的谢意。当然，每本书因本身内容和译者的行文风格有所差异，校对未免挂一漏万，术语的标准译法方面还有很大的改进空间。我们欢迎广大读者提出建设性的批评和建议，以便再版时修订。

我们希望本丛书的持续出版，能为进一步提升国内社会科学定量教学和研究水平作出一点贡献。

吴晓刚

于香港九龙清水湾

目　录

序

本书编辑过程并不寻常:作者及编者都有所改变。我的前一任编辑,迈克尔·刘易斯·贝克,非常睿智地看到《广义线性模型导论》的价值。在 2004 年初从主编岗位退下之前,他看遍了计划书及先前的手稿版本。令人难过的是,乔治·H. 邓特曼在完成他所认为的终稿后就过世了。进一步的修改由何满镐接手,他非常勇敢地接受挑战,并对原稿作出许多重要的修正。

社会科学家所分析的结果变量可以是连续的或是离散的。在已出版的丛书中,有许多书目涉及需要处理一个连续的因变量(及一些重要假设)的模型,经典线性回归为这类模型的代表。除此之外也涉及因变量是非连续的,通常统计模型的对象为事件发生几率,但也可能是频率或是对数频率。在过去 20 年中,许多形态的 logit、probit(及对数线性)模型已经成为社会科学家众多分析方法中的标准,并且该丛书中也有多本涉及这些主题。

连续结果变量及离散的因变量这两种模型间的关系,在广义线性模型的架构下变得清晰。在社会科学中,研究者对

在方程右方以 x 和 β 线性组合所表示的可线性化的自变量比较熟悉。然而,位于这两种模型左方的因变量 y 可以是多种形式的,包括 metric、二元的、序列的、multinomial 和计数的。再者,两种模型中的随机结果 y 可能服从正态、二项、泊松、gamma 分布,且所有这些分布都属于指数家族分布。一旦我们对于 y 的随机分布作出服从指数分布的适当假设后,剩余的任务便是指明随机变量的期望以及 x 和 β 线性组合间的关系。将期望的随机结果变量对应到 x 和 β 的线性组合,是广义线性模型的一部分。

本书的根本目标是:对于熟悉经典线性回归的普通社会科学研究者,要如何从线性回归模型推广到非连续自变量的其他模型,而不失两种模型间的共同根基及相似性? 本书两位作者陪着读者走访这一过程,并在沿途中启蒙不识此道者,这也对丛书提供了有益的增补。

廖福挺

第 *1* 章

广义线性模型

广义线性模型，顾名思义，为经典线性回归模型的普遍化。经典线性回归模型假设因变量为一组自变量的线性方程，且因变量为连续且正态分布的，有固定的方差。自变量则可以是连续的、类别的或两者的组合。多元回归分析、方差分析及协方差分析皆为线性模型的经典例子。它们皆可被写成：

$$y = \beta_0 + \sum_{j=1}^{p} \beta_j X_j + \varepsilon$$

其中 y 是连续性因变量，X_j 是自变量，ε 为假设正态分布的误差。因变量由两部分组成：系统性（systematic）成分 $\beta_0 + \sum_{j=1}^{p} \beta_j X_j$；误差成分 ε。系统性成分即在任意组给定的 X_j 的值之下，y 的期望值 $E(y)$，即：

$$E(y \mid X_1, \cdots, X_p) = \beta_0 + \sum_{j=1}^{p} \beta_j X_j$$

它是给定 X_j 值的条件平均数（conditional mean）。回归分析的目的就是寻找一组以拟合优度来衡量具有高度解释力的自变项，即我们能凭借自变量的线性组合来解释 y 大部分的变异。如果回归参数 β_j 很大，当 X_j 的值从一观察值变化至另一观察值时，y 的期望值或 y 的条件平均数也将有很大的变异。如果在条件平均数或预测值中的变异比在 ε 中的变异更大，我们则能利用一个有用的模型，在给定自变量取值的条件下预测 y 的取值，以及了解不同自变量在解释因变量 y 的变异时的相对重要性。图 1.1 给出了一个简单的线性回归模型（$\beta_0 = 1$，$\beta_1 = 1.5$）。我们通过观察对象的一个随机样本，收集 y 的测量值以及 X_1，X_2，$\cdots$，X_p 来估计回归参数 β_j。就观察目的而言，我们的观察对象通常是人，但在其他应用中，观察对象可以是任何事物，如树、牛，甚至河流。如果我们以 i 标示人，以 j 标示变量，则可以通过最小化误差的平方和来估算 β_j。

$$\sum_{i=1}^{n}\left(y_i - \beta_0 - \sum_{j=1}^{p}\beta_j X_{ij}\right)^2$$

在此，小标 i 被用以强调自变量的值随着个体的不同而变化的事实。此回归参数的估计方法通常被称做普通最小二乘法。

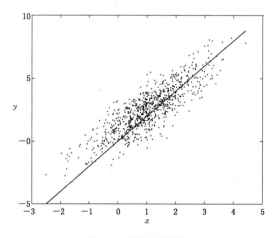

图 1.1　线性回归模型

这个线性回归模型自 19 世纪初步发展以来,对社会科学及其他科学特别有用。它很易于公式化,易于理解,并且回归系数易于利用普通最小二乘法估计。因此,它至今仍被广泛应用于各学科中。虽然它假设误差是正态分布的,但当误差接近于正态分布时,它仍是稳健的。

然而,在过去几十年中,人们已经广泛地意识到线性回归模型的局限。它假设因变量为连续或至少是准连续的,如考试成绩、个人特质测量等。而且,它假设该连续变量至少是接近于正态分布,并且其方差并不是其平均数的函数。内尔得和韦德伯恩(Nelder & Wedderburn, 1972)提出了广义线性模型,后来发展为应用于非正态因变量的回归模型。

在许多应用中,因变量是类别的或包含计数的,抑或为连续的但并非正态。一个类别的因变量的例子是二元变量,只有两个离散的值 0 或 1,其中,1 代表事件的发生(如从大学中退学),而 0 代表事件未发生(如未从大学中退学)。目标是要模型化感兴趣的事件的发生概率。在稍后会提及 logistic 回归,它是广义线性模型的一种,适合此类型的数据。

一个关于计数的因变量的例子是,一个药物滥用者群体在五年里的药物滥用事件(treatment episodes)。我们将再一次地展示泊松回归(poisson regression),这是适合此情形的另一种广义线性模型。在这两个例子中,因变量都不是连续的,更不是正态分布的,且 0—1 二元变量与计数变量都为非负数。然而,在一般回归中连续因变量可以是正值或负值。

一个被广泛应用的非正态连续分布的例子为 gamma 分布。gamma 分布是偏斜的(skewed),只有正值,且其方差为其平均数的函数。它可以用来模型化一般性的、类别的、只有正值的因变量,如收入、生存时间及雨量。因变量为 gamma 分布的模型可以被置于广义线性模型的架构之下。

要注意,对于一个给定分布的因变量而言,自变量可以有许多种分布形式,且它们并不需要和因变量具有相同的分布。例如,与一正态分布因变量相关联的自变量可以包含许多不同的非正态分布,如均匀分布和多峰分布。如前所述,一般回归假设 y 的平均值会随着自变量变化,但关于条件平均数的 ε 的变异则维持不变。对于二元变量和计数变量来说,条件平均数的方差为其平均数的函数。如二元变量,因变量条件平均数为概率 p(如事件 1 发生的概率),而此平均数的方差为 $p(1-p)$,是平均数 p 的一个函数。因为平均数 p 会作为自变量的一个方程而变化,此二元变量的方差也会如此。对计数变量而言,泊松分布常被使用,而此项分布的方差等于其平均数。因此,当泊松分布的条件平均数作为一自变量方程而变化,其方差亦是如此。广义线性模型在 logistic 和泊松回归模型这种情形下,在模型的公式化及估计回归参数里,已明确地通过其概率分布体现了平均数和方差的关系。

经典回归亦假设在回归参数中模型是线性的,即其假设期望值或条件平均数是回归参数的线性函数。例如,$E(y \mid X_1, X_2) = \beta_0 + \beta_1 X_1 + \beta_2 X_2$,或者 $\beta_0 + \beta_1 X_1 + \beta_2 X_2 + \beta_3 X_1^2 + \beta_4 X_2^2 + \beta_5 X_1 X_2$。需注意,在第二个模型中,参数是线性的但自变量是非线性的。事实上,经典线性回归是一个广义线性模型的特例,其因变量的条件平均数直接被模型化而没有对条件平均数进行某种转换。对其他的广义线性模型而言,条件平均数无法被写成回归参数的一个线性函数,但某些条件平均数的非线性方程则可以用参数的线性函数来表示,因此,称为广义线性模型。

一个简单的广义线性模型的例子是泊松回归模型(图1.2)。所有广义线性模型的特性在这个例子中清楚可见。此外,也容易看出这个广义线性模型与经典回归模型之间的差异。

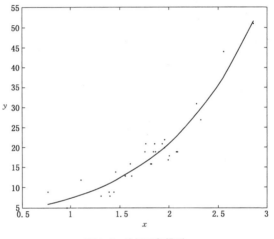

图1.2 泊松回归模型

在这个泊松回归例子中,因变量的期望值或条件平均数为:

$$\lambda_i = e^{\beta_0 + \sum_{j=1}^{p} \beta_j X_{ij}}$$

其中,λ_i 为对于每一个个体 i,泊松分布的条件式均数。它之所以为条件式的,是因为该平均数根据回归参数而变动,包含固定的 β_j 以及随着分析单位(如个人)而改变的 X_j 的取值。我们要计算对于个体 i 的条件平均数 λ_i,需要代入他或她的自变量值,即 X_{ij},X_{ij} 表示个体 i 第 j 个自变量的值,并估计未知常数的回归参数 β_j。具体的估计方法将留待后面讨论。我们必须使用最大似然法而非最小二乘法。

当因变量的分布是非正态的且它的方差为其平均数的一个方程时,最小二乘估计值就不再如同它们在正态分布中一样,等于最大似然估计值了。在此类例子中,似然函数必须用适当的概率密度表示,以获取适合的参数估计值及其标准误。使用最小二乘会导致错误的参数估计值及标准误。

重点是条件平均数并非 β_j 的线性函数。如果我们对上述泊松回归模型的两边都取自然对数,就得到 $\log_e(\lambda_i) = \beta_0 + \sum_{j=1}^{p} \beta_j X_{ij}$。我们通过对条件平均数 λ(如 $\log_e(\lambda)$)执行一个非线性转换,将泊松分布的因变量与自变量之间的关系线性化。可见,$\log_e(\lambda)$ 被称为泊松回归模型的标准连结方程。它转换了因变量的条件平均数 λ,使得转换后的值 $\log_e(\lambda)$ 为回归参数的一个线性模型。它之所以标准,是因为当 $\log_e(\lambda)$ 以指数型态表示时,它为泊松分布的自然参数。我们在后面也会看到,泊松变量的方差等于其平均数。因此当泊松分布的条件平均数增加时,与条件平均数相关的条件式方差也会随之增加。

目前已有些关于广义线性模型的好书(Fahrmeir & Tuz, 1994;Le, 1998;McCullagh & Nelder, 1989;McCulloch & Searle, 2001),但它们通常假设读者已有相当高程度的统计理解(sophistication)。本书仅假设读者具有基础的统计理解,并对多变量回归比较熟悉。有关基础微积分及矩阵的知识并没有被假设,虽然此书的部分章节中会涉及。如果具备太少或不具备这方面知识的读者可以跳过或略读这些章节,也不会有太多的不连续性。此书的写作是非正式的,并且是从直观上来讨论重要的统计概念,目的是要告知读者相关的不同数据,并使其能选择适当的统计模型来分析数据及诠释结果。在附录中,我们还提供了如何运用 SAS 统计软件(SAS Institute, 2002)的内容,以拟合本书所讨论的广义模型。

第 2 章

一些基础的模型化概念

　　我们在一般的多元回归分析的脉络下讨论统计模型的基本概念。假设因变量是连续分布的且对每一个观察值都有固定的方差,并且假设 y 的预测值,即条件平均数是回归参数的一个线性函数,那么,如果假设误差是正态分布的话,正常多变量回归模型就是特定广义线性模型中的一种。

　　如果有三个自变量,模型可以写成 $y_i = \beta_0 + \beta_1 X_{i1} + \beta_2 X_{i2} + \beta_3 X_{i3} + \varepsilon_i$,其中 i 代表观察值,在绝大部分的应用中指单个人。假设 ε_i 有平均数 0 及固定的方差 σ^2。此外,假设 ε_i 与自变量不相关。此模型中系统性的成分为 $\beta_0 + \beta_1 X_{i1} + \beta_2 X_{i2} + \beta_3 X_{i3}$,它是 y_i 的期望值,或者说,是对第 i 个观察值在给定 X_{i1},X_{i2},X_{i3} 的取值下其因变量的条件平均数。我们以此表示:

$$E(y_i \mid X_{i1}, X_{i2}, X_{i3}) = \mu_i = \beta_0 + \beta_1 X_{i1} + \beta_2 X_{i2} + \beta_3 X_{i3}$$

此模型的随机成分为 ε_i。我们可以看到,当自变量改变时,条件平均数 μ_i 也会随之改变。相关的回归参数 β_1,β_2,β_3 表示每一个自变量与因变量 y_i 之间的相关性强度。一般而言,回归参数越大,相关变量与因变量之间的关系越强,假设自变量的方差大致相同。对于不同的观察值而言,β 是固定的,各个观察值间变化的是 X,并且影响条件平均数 μ_i 的改变。参数 β_0 被称为截距,是四个变量下多次原空间的 y 截距,即当所有自变量都为 0 时因变量的期望值。

自变量可以是连续性的、类别性的或者是两者的混合。它们也可以是 X 的转换,如 X^2 和 $\log X$,或如 $X_1 X_2$ 之类的交互项,只要模型可以用线性的参数型态所表示即可,例如:

$$
\begin{aligned}
E(y \mid X_1, X_2) &= \mu_{y|x_1, x_2, x_1^2, x_2^2, x_1 x_2} \\
&= \beta_0 + \beta_1 X_1 + \beta_2 X_2 + \beta_3 X_1^2 \\
&\quad + \beta_4 X_2^2 + \beta_5 X_1 X_2
\end{aligned}
$$

第 1 节 | 作为类别变量的自变量

类别自变量可以通过指标变量表示,这一点稍后会解释。指标变量定义了因变量的层级,或类别自变量各层级之间的差异,这些差异被显示出来以避免 $X'X$ 矩阵中重复的信息。我们由两个层级的类别变量的例子开始,然后再推广到有任意层级的类别变量。一个有两层类别自变量的例子是药物滥用的治疗变量,定义为两层——有治疗和没有治疗。我们可以通过 0—1 的指标变量量化这个变量,其中,1 代表这个人经历过治疗,而 0 则表示这个人没有经历过治疗。如果这是唯一的自变量且 y 是正态分布的,例如,药物滥用人群对于药物滥用治疗功效的信念,则 y 的条件平均数可以被表示为:

$$E(y \mid X_1) = \beta_0 + \beta_1 X_1$$

其中,如果该人经历过治疗,$X_1 = 1$,0 则表示其他。对于经历过治疗的人而言,$E(y \mid X_1 = 1) = \beta_0 + \beta_1(1) = \beta_0 + \beta_1$,而对于没有经历过治疗的人则是 $E(y \mid X_1 = 0) = \beta_0 + \beta_1(0) = \beta_0$。因此,$\beta_1$ 代表了有治疗和没治疗者之间的条件平均数的差异。β_1 有时会称为 X_1 对 y 的效应,在这个例子中,就是指治疗。而被编码为 0 的群体则被称为参照组。可以任意将某个群体标示为 1。注意,只需要一个指标变量来表示该人归属于两类别中的哪一类。

使用指标变量可以推及三层甚至更多层级或类别的类别变量(例如,种族群体被分为白种人、非洲裔美国人、亚洲人及其他——这个类别变量有四个类别)。在这里有四个可能的指标变量:$X_1 = 1$ 表示白种人,0 则否;$X_2 = 1$ 表示非洲裔美国人,0 则否;$X_3 = 1$ 表示亚洲人,0 则否;$X_4 = 1$ 表示其他种族类别,0 则否。要决定一个人的种族类别只需要这四个指标变量的其中三个(如果我们知道一个人四个指标变量的其中三个的值,则另一个指标的值就已经被自动赋予了)。如果我们将所有四个指标都放入回归模型中,则作为一个组而言,它们是多余的,且从个人样本中无法估计与其相关的回归参数。故可以任意丢弃其中一个种族指标变量,而被丢弃的那一个指标变量就成了解释剩余三个指标变量的回归参数的参照组。

如果我们想要检验种族对于呈正态分布的成就测验成绩的效应,就要将种族定义成前述的类别变量。我们舍弃 X_4 这一代表其他种族群体的指标变量,则可以将控制了种族类别的 y 的条件平均数表示为:

$$E(y \mid X_1, X_2, X_3) = \mu_{y|X_1, X_2, X_3}$$
$$= \beta_0 + \beta_1 X_1 + \beta_2 X_2 + \beta_3 X_3$$

对白种人而言,$X_1 = 1$,$X_2 = 0$,$X_3 = 0$,所以其期望值为 $\mu_{y|X_1=1, X_2=0, X_3=0} = \beta_0 + \beta_1(1) + \beta_2(0) + \beta_3(0) = \beta_0 + \beta_1$。

同样的,非洲裔美国人的 Y 的条件平均数为 $\mu_{y|X_1=0, X_2=1, X_3=0} = \beta_0 + \beta_2$,亚洲人的则为 $\mu_{y|X_1=0, X_2=0, X_3=1} = \beta_0 + \beta_3$。因为其他种族类别在这三个指

标变量都取 0 值,其条件平均数为 $\mu_{y|X_1=0,\,X_2=0,\,X_3=0} = \beta_0$。因此,白种人的条件平均数 $\beta_0+\beta_1$ 与其他种族群体条件平均数 β_0 的差异为 β_1,即 β_1 为白种人与其他种族,也就是与参照组的平均数的差异。β_2 和 β_3 分别为非洲裔美国人和亚洲人与其他种族的平均数的差异。我们可以通过 β_1,β_2 和 β_3 之间的不同组合的相减,来获得不同种族群体之间的差异。例如,非洲裔美国人平均数与白种人平均数的差异为($\beta_1-\beta_2$)。注意,在这个模型中,有四个种族群体及四个回归参数,β_0、β_1、β_2 和 β_3。含有类别自变量的模型,其回归参数的个数不可能超过用来定义类别变量的自变量数目。

我们再看另一个稍微复杂点的两个类别自变量的回归模型,每个类别自变量都有两个层级。假设因变量 y 是一个测量药物滥用者治疗满意度的呈正态分布的变量。自变量为(两个)指标变量,X_1 取 1 表示病患属于住院计划(residential program),取 0 则表示门诊计划(outpatient program),而 X_2 取 1 表示病患是男性,取 0 则为女性。主效应模型可以用 $\mu_{y|X_1,\,X_2} = \beta_0+\beta_1 X_1+\beta_2 X_2$ 表示,其中 β_1 为住院计划(residential program)患者和门诊计划(outpatient program)患者的条件平均数的差异。同样,β_2 为性别效应,表示男性和女性之间的差异。而这两个差异,即参数 β_1 和 β_2,对其他遗留变量的效应都进行了调整。也就是说,β_1 对于 X_2 的效应调整过了,而 β_2 对于 X_1 的效应也调整过了。

我们可以通过加入一个反映性别和这两种治疗变量交互作用项的参数改进这个模型。这种类型的交互作用可以通过两个指标变量的乘积项而形成,同时产生第三个变量,$X_1 X_2$,它也是一个 0—1 变量。当它等于 1 时,代表患者是一

名 男 性 且 属 于 住 院 治 疗 计 划（residential treatment pro-gram），0 则否。此模型就变成 $\mu_{y|X_1,\,X_2,\,X_1X_2} = \beta_0 + \beta_1 X_1 + \beta_2 X_2 + \beta_3 X_1 X_2$。现在 X_1 对 y 的效应取决于 X_2 的层级。如果 $X_2 = 0$，则 $\beta_3 X_1 X_2 = 0$，且 X_1 的效应为 β_1，因为与 X_1 有关的唯一项为 $\beta_1 X_1$。如果 $X_2 = 1$，则 X_1 对 Y 的效应为 $(\beta_1 + \beta_3)$，因为在这个模型中，$\beta_1 X_1 + \beta_3 X_1 = (\beta_1 + \beta_3)X_1$。

第 2 节 │ 回归模型的必要成分

　　这里,我们总结了回归模型的必要成分。首先,我们选择一个因变量 y,假设其为一组自变量的一个方程。自变量的选择是根据研究目的及研究者对于研究领域的实际知识来决定的。一个统计学家在这方面可能没有太大帮助,然而,他可以就研究设计提出建议,特别是样本数、用来选择研究参与者的概率模型,以及广义线性回归模型的种类。

　　其次,通过比较对应的方差,我们得出不同模型的吻合度,直至找到一个与因变量相契合的最优模型,这一模型包括了一组相对较少但在概念上颇有吸引力的自变量。离差是对回归模型拟合优度的一种测量。每一个广义线性模型都有关于它本身的一个特定离差。对于以正态分布为基础的回归模型而言,就是大家所熟悉的误差平方和。关于离差将会在后面做更加详细的讨论。

　　通常,我们最初的一组自变量包含了那些回归参数不具有统计显著性的自变量的集合。通过比较各模型的拟合,我们可以减少此模型中的参数数目。这个模型一旦被确定,我们的兴趣则集中于回归参数的估计值及其估计标准误。回归参数估计值表示各自变量在解释因变量的变异上的相对重要性。

　　总之，对广义线性模型而言，我们需要指明因变量的概率分布。到目前为止，我们已经讨论过正态分布和泊松分布，但还有其他的分布形式，例如二项分布，我们将留待后面做详细讨论。另一个需要我们指明的重要成分是回归方程，它设定了条件平均数如何与自变量相关。我们讨论过在正态和泊松分布下因变量的回归方程，我们将在后续内容讨论其他形式。以概率分布形式呈现误差分布的形式，如正态、二项、泊松及其他，以及回归方程的形式，对于指出适当的对数似然函数是必要的。对数似然函数等同于概率密度函数的对数，然而在前者中，样本数据被视为固定的且参数为变量，但在后者中，参数则被视为固定的且数据会变化。样本的对数似然函数会被用来获取最大似然回归参数估计值及它们的标准误。除了正态回归模型的最大似然估计值外，最大似然估计值因为方程系统的复杂性，不能以标准分析方法解出，而需用迭代加权最小二乘法（iterative reweighted least squares）的计算机演算来执行参数估计。

第 3 章

经典多元回归模型

多元回归分析为一种广义线性模型，其条件平均数是回归参数的一个线性函数。这跟那些条件平均数的函数是回归参数的一个线性函数的广义线性模型有所不同。平均数的函数 $g(\mu)$ 被称为连结函数。例如，泊松分布的连结函数为 $\log_e(\mu)$，可表示为回归参数的一个线性函数，即 $\log_e(\mu) = \beta_0 + \sum_{j=1}^{p}\beta_j X_j$。对正态分布而言，连结函数即为同一性（identity）函数 $g(\mu) = \mu$。多元回归可被写成：

$$E(y \mid X_1, X_2, \cdots, X_p) = \mu = \beta_0 + \sum_{j=1}^{p}\beta_j X_j$$

如果我们将一个有关截距参数 β_0 为 1 的列向量（column vector）包含进来，则模型可以更完整地表示为：

$$E(y \mid X_0, X_1, X_2, \cdots, X_p) = \mu = \sum_{j=0}^{p}\beta_j X_j$$

其中 $X_0 = 1$。误差 $y - \mu = \varepsilon$ 被假设是正态分布且有固定方差的。

我们通过查特吉和普赖斯(Chatterjee & Price，1977)的一个多元回归分析实例来讨论广义线性模型。此根据来自一个大金融组织的职员所做的调查数据。该调查问卷包含

职员对其主管的满意度。其中一个问题是有关主管整体表
现的测量。另外的问题则涵盖了职员与其主管在特定活动
中的互动。此研究目的是要解释特定的主管特质与职员对
主管的整体满意度之间的关系。

在这个例子中,有六个问题被选择为可能的解释变量。
因变量是职员对主管的整体工作表现的评分。它是一个 5
分的尺度,从 1(非常满意)到 5(非常不满意)。而六个自变
量也是以 5 分的尺度评价主管的行为。X_1 处理职员抱怨;
X_2 不允许特权;X_3 学习新事物的机会;X_4 根据绩效加薪;
X_5 对不良表现太过挑剔;X_6 升迁到更好职位的速率。这些
自变量可以做如下分类:一组是有关职员和主管间直接人际
关系的变量 X_1,X_2 和 X_5,另一组则是考虑工作整体而非人
际关系的 X_3 和 X_4 两个变量,剩下的变量 X_6 不牵涉对主管
的评价,而是职员对其自身在公司中升迁看法的一般性测
量。数据从该组织所有部门中随机挑选 30 个部门收集而
来,每一个部门大概都有 35 名职员及一名主管。

第 1 节 │ 假设与模型方法

　　注意,因变量只会取五个值且在这五个值上的分布是偏斜的,因为大部分主管较容易获得好评而非劣评。因此这违反了多元回归分析中的普遍假设:因变量是一连续变量且为正态分布的。即使背离从正态性出发的假设,只要因变量有数目相对大的值且其分布相对来说对称,则此模型仍然是稳健的。

　　基本多元回归模型亦假设横跨各观察值的因变量,在此例子中指的是职员,是各自独立的。这个假设也可能被推翻,因为同一部门中的职员彼此之间可能相同,即同一部门内各职员对于因变量的回答可能会彼此相关,因为他们都受到其部门的同样一组影响。然而,我们不会期望不同部门职员的因变量回答是相关联的。在同一群体或聚类(cluster)中的个人回答之间的相关被称为组内(intraclass)相关。基本多元回归模型可以被修正,以说明在回归参数及其标准误的估计中所存在的组内相关。回归模型通过增加随机成分来修正,并且被视为混合效应模型。这类模型在本书中不再进一步讨论。

　　需要特别注意的是,对于自变量的分布并没有任何假设。它们可以是连续的、离散的、高度偏斜的或彼此相关的。

因此,在主管表现的例子中,自变量并没有问题,即使它们是离散的甚或是高度偏斜的。对于任何一种回归模型来说都是如此。

上述例子中所存在的问题是:关于因变量的非正态分布及在相同部门内部各职员回答的组内相关。然而,查特吉及普赖斯(Chatterjee & Price,1977)通过汇总 30 个部门间的个人层级数据及在多元回归分析模型中使用部门作为分析单位,改善了他们的研究实例中所存在的这两个问题。考虑到他们对预测部门主管整体绩效的兴趣,这一处理方法显得更为合理。对于 30 个部门来说,每个部门都只有一名主管,故通过分别在每一个主管所在的部门中,汇总该部门内约 35 名职员对于六个变量的看法,进而预测该主管的表现是合理的。相对于简单地在各个部门内选取一些职员来对其主管的整体表现评分,这个方法更加可信。这是因为职员的偏误及评分误差在大样本的评分者中易于被抵消。然而,要注意到汇总各个部门间的数据有可能会遗失部门间每个人回答变异的信息。

作者利用下述步骤汇总个人层级的数据至部门。为了反映六个自变量和一个因变量,针对这七个项目分别产生一个二元变量,即把(原来的)5 分回答尺度重新组合为两类:好评及差评。好评为 1(非常满意)或 2(满意),差评则为其他剩余的回答 3、4 或 5。对 30 个部门都计算出七个项目好评的比例。因此,我们可将得到的代表 30 个部门对其主管整体表现好评比例的列向量作为因变量,并且获得一个代表 30 个部门六个自变量的好评比例的 30(列)×6(行)的矩阵。以这 30 个部门为分析单位的数据被用来估计六个回归参数及其标准误。

我们将在后面看到，由于因变量是对主管整体表现好评的概率，logistic回归分析可以被用来模型化六个自变量与主管表现之间的关系。logistic回归被用来模型化一个特殊反应发生的概率——在这个例子中，就是对主管的好评。logistic函数为非线性的。然而，大多数部门的主管好评比例（概率）都落在0.40到0.60的区间中，在此区间logistic函数大致是线性的。因此多元回归模型在对这种数据进行建模时可能是最佳的选择，且较logistic回归模型更容易解释。

第2节 | 回归分析结果

多元回归分析的结果见表 3.1,该表指出只有 X_1（关于主管如何处理抱怨的满意度）是高度显著的,并且它有最大的回归参数估计值。回归参数 0.613 表示,在满意其主管处理抱怨的职员百分比中每增加一个单位,就会使主管整体好评增加 0.613 个百分点。也就是说,X_1 增加 1％会造成 y 增加 0.613％；X_1 增加 10 个百分点则会造成 y 增加 6.13 个百分点。这表明,当其他五个自变量保持不变时,X_1 和因变量之间有一种强关系。数值次大的回归参数 X_3（学习新事物机会的满意度）为 0.320。虽然它在 0.10 水平上统计显著,但在传统的0.05水平上并不显著。

表 3.1 预测正面主管评价的回归参数估计值

变 量	回归参数	标准误	t 比率	显著程度
X_1（抱怨）	0.613	0.1610	3.81	0.001
X_2（特权）	−0.073	0.1357	−0.54	NS
X_3（学习）	0.320	0.1685	1.90	0.07
X_4（加薪）	0.081	0.2215	0.37	NS
X_5（挑剔）	0.038	0.1470	0.26	NS
X_6（工作升迁）	−0.217	0.1782	−1.22	NS
截距	10.787	11.5890	0.93	NS

注：$R^2 = 0.7326$；残差标准差 = 7.068；NS = 在 0.05 水平上不显著。

第 3 节 ┃ 多元相关

多元回归相关(R^2)0.7326 代表自变量解释因变量变异的比例。它被定义为：

$$R^2 = 1 - \frac{\text{误差平方和}}{\text{总平方和}}$$

其中，误差平方和(Error Sum of Squares，ESS)被定义为 $\sum_{i=1}^{n}(y_i - \hat{y}_i)^2$，$\hat{y}_i$ 为根据回归模型对 y_i 的预测值，即 $\hat{y}_i = \hat{\beta}_0 + \sum_{j=1}^{p}\hat{\beta}_j X_{ij}$。总平方和(Total Sum of Squares，TSS)被定义为 $\sum_{i=1}^{n}(y_i - \bar{y})^2$，$\bar{y}$ 是因变量的平均数。如果 ESS 比 TSS 小，则 R^2 会更高。多元相关 $R = \sqrt{0.7326} = 0.856$ 可以被定义为 y 和 $\hat{y} = \hat{\beta}_0 + \sum_{j=1}^{p}\hat{\beta}_j X_j$ 之间的相关。

第 4 节 | **假设检验**

通常,最初被应用的一个标准检验是用于检验虚无假设,即所有回归系数都为零。在我们的例子中,虚无假设为 $\beta_1 = \beta_2 = \beta_3 = \beta_4 = \beta_5 = \beta_6 = 0$。注意,我们不将截距参数 β_0 包含在检定中,是因为我们只关注六个自变量与因变量之间的关系。

要检验虚无假设,即一组回归参数等于零,我们可以通过估计两个回归模型的误差平方和开始。一个包含全部回归参数的模型被称为完整模型(Full Model, FM),在我们的例子中,即要包括所有六个自变量。另一个模型被称为简化模型(Reduced Model, RM),它去除了参数被假设为零的自变量。整体检验的简化模型,即六个自变量和主管评分间没有关系,要去除六个自变量并且只在简化模型中保留截距。简化模型中的截距即为因变量的平均数 $\bar{y}$。接着,我们要计算两种模型的误差平方和 ESS(FM) 和 ESS(RM),计算差异 ESS(RM) − ESS(FM),并且用它除以完整模型和简化模型之间的参数数目——分别以 p_f 和 p_r 表示差异。在我们的例子中,$p_f = 7$,$p_r = 1$。这个比率如下所示:

$$\frac{\text{ESS(RM)} - \text{ESS(FM)}}{p_f - p_r}$$

即为一个 F 比率的分子。ESS(RM)至少会和 ESS(FM)一样大,因为它用较少的自变量去预测 Y——在我们的例子中,简化模型中不包含任何自变量。如果这个取值为正数的差异很小,则表示简化模型同完整模型一样适合该数据。我们需要一个项目测量这个比率的差异。这个项目形成 F 比率的分母,即为单纯将 ESS(FM)除以其自由度,也就是样本数目 n 减掉在完整模型中估计的回归参数数目。在我们的例子里,$(n - p_f) = 30 - 7 = 23$。

因此,F 比率为:

$$\frac{\dfrac{\text{ESS(RM)} - \text{ESS(FM)}}{p_f - p_r}}{\dfrac{\text{ESS(FM)}}{n - p_f}}$$

分子项的自由度为 $(p_f - p_r)$,而分母项的自由度为 $(n - p_f)$。在虚无假设下简化模型外的参数为零,F 值为具有前述分子和分母自由度的分布。我们通过数据中计算的 F 值以及分子和分母自由度,可在 F 表中查询相应的值。查特吉和普赖斯(1977)计算关于虚无假设,即所有回归参数都为零,或者同意义的,在六个自变量与整体主管绩效评分间没有线性关系的 F。

对于这个 F 检验,其成分为 $\text{ESS(FM)} = \sum_{i=1}^{30} (y_i - \hat{y}_i)^2 = 1149$;$\text{ESS(RM)} = \sum_{i=1}^{30} (y_i - \hat{y}_i)^2 = 4297$;$p_f - p_r = 7 - 1 = 6$;以及 $n - p_f = 30 - 7 = 23$。这会产生一个 F 比率:

$$\frac{\dfrac{4297 - 1149}{6}}{\dfrac{1149}{23}} = 10.5$$

分子和分母的自由度分别为 6 和 23。在一个有着 6 和 23 的自由度的 F 表中查询这个 F 值,显示它在 0.001 的水平上显著。因此,我们可以拒绝所有回归参数都等于零的虚无假设,并得出结论,相对于简化模型 $E(y) = \mu = \beta_0$,完整模型 $E(y \mid X_1, X_2, \cdots, X_p) = \mu = \beta_0 + \sum_{j=1}^{p} \beta_j X_j$ 更好地拟合了数据。

得出上述结论是因为两个回归参数和 X_1 在 0.001 水平上都是显著的。作者通过画出标准化残差(y 轴)及拟合或预测值(x 轴)来检查模型假设的违反或模型的错误设定。标准化残差为 $y_i - \hat{y}_i$ 除以误差或残差的标准差,即:

$$\sqrt{\frac{\sum (y_i - \hat{y}_i)^2}{n - p_f}}$$

如果模型的设定正确,则标准化残差的散点图应该显得较为随机,没有系统性的型态,且 95% 的残差应落于 -2 和 2 之间,或者是在残差平均数(假设下为零)的两个标准误范围内。它们的残差图显示没有模型设定错误的证据。

查特吉和普赖斯(1977)也勾画了标准化残差和最重要的自变量 X_1 的图形。散点图看起来是随机的,没有大的标准化残差,并且没有证据显示任何系统性的弯曲。弯曲可表示在回归模型中需要加入 X^2 这一项目。

回到我们的完整模型,相当清楚的是,只有 X_1 和 X_3 看起来是重要的。因此,检定 $\beta_2 = \beta_4 = \beta_5 = \beta_6 = 0$ 的虚无假设看似很合理,以决定我们是否可以简化这个完整模型。

为了检验这个假设,我们用前述相同的 F 检验过程,比较完整模型 $\mu = \beta_0 + \beta_1 X_1 + \beta_2 X_2 + \beta_3 X_3 + \beta_4 X_4 + \beta_5 X_5 +$

$\beta_6 X_6$ 和简化模型 $\mu = \beta_0 + \beta_1 X_1 + \beta_3 X_3$。

因此,我们再次计算 ESS(FM),ESS(RM),$p_f - p_r$ 和 $n - p_f$,并且将它们代入 F 比率的方程中。可以得到:

$$F = \frac{(1254.6 - 1149)/4}{1149/23} = 0.528$$

有着 4 和 23 的自由度并且有一个很小的、在 0.05 水平上不显著的 F 值。因此,我们接受虚无假设,即四个变量 X_2、X_4、X_5 和 X_6 并不需要包含在这个模型中,从而接受较简单的简化模型 $E(y \mid X_1, X_3) = \beta_0 + \beta_1 X_1 + \beta_3 X_3$,因为它优于较复杂的完整模型 $E(y \mid X_1, X_2, X_3, X_4, X_5, X_6) = \beta_0 + \sum_{j=1}^{6} \beta_j X_j$。

此简化模型的 R^2 为 0.7080,较完整模型的($R^2 = 0.7326$)稍小。X_1 的回归参数最为重要,在简化模型中为 0.643,而在完整模型中为 0.613。注意,这个模型中的所有自变量都是连续性变量。反映部门归属的类别自变量也可以被包含在模型中。例如,我们可以有一个 0—1 指标变量,1 代表部门执行会计功能,而 0 表示其他。我们也可以通过纳入假设互相作用的变量间适当的乘积项,在模型中加入交互作用项。然而,我们必须谨记,在只有 30 个观察值的情况下,我们不能拟合很多参数。否则,我们将冒过度拟合的风险,也就是参数过多并且超出了数据所能支持并导致合理推论的范围。在极端的例子中,如果我们的模型包含了 30 个参数,则模型完全可以拟合数据,然而,我们并不能凭借和观察值一样多的参数来简化任何事,这会造成 ESS 没有自由度,且导致无法进行备择假设检验。即使 ESS(FM)有着很小的自由度,F 检验仍将有低效力。要建立一个好的回归模型,需要从指明一个因变量及一组自变量开始,并被一组良好阐述的假设所驱动,而这又依赖对研究主题的认知。研究者随后才能估计模型参数并衡量拟合优度。最初的完整模型则会通过假设检验而去除一些参数予以修正。回归诊断,如残差图,有助于模型的其他修正,比如增加 X^2 项或交互作用项。如果是时间序列数据,则残差可能会彼此相关,因此修正的模型必须要能考虑到在回归参数估计中的相关残差且对它们做各式各样的假设检验。

第 **4** 章

广义线性模型的基本原则

　　第 3 章已讨论了我们都熟悉的一个广义线性模型,也就是经典多元回归模型。这个模型可以被推广至其他情况,即因变量是离散的、非正态分布的,且其方差取决于其平均数。

　　广义线性模型牵涉到以一组自变量或称协变量的线性函数来预测因变量的条件平均数或条件平均数的某种函数。也就是说,对于每个观察值或研究对象来说,其期望值或因变量的期望值的某种函数,是根据其自变量或协变量而定的。除了正态分布外,广义线性模型的误差方差是其平均数的一个函数。例如,一个 0—1 二元变量有平均数 π,表示事件 1 发生次数的比例,且其方差为 $\pi(1-\pi)$。要估计回归系数及其标准误,我们需要指明误差项的概率分布,由此我们可以指明适当的似然函数并用该似然函数解出回归参数。

　　广义线性模型可以处理因变量的条件平均数为回归参数的非线性函数和因变量为非正态分布的数据。广义线性模型的两个成分为连结函数与误差分布。连结函数是因变量平均数的转化,而此转化的变量为回归参数的一个线性函数。例如,泊松回归模型的连结函数为 $g(\mu) = \log_e(\mu)$,所以因变量 $g(\mu)$ 是与自变量相关的回归参数的一个线性函数,也就是 $\log_e(\mu) = \sum_{j=0}^{p} \beta_j X_j$。注意,$g(\mu)$ 是一个回归参数的

非线性函数,因为对方程两边都取幂会导致:

$$\mu = e^{\sum_{j=0}^{p} \beta_j X_j}$$

此泊松分布的对数连结函数也被称为标准连结(canonical link),因为它是当泊松分布以指数形式表示时,变成标准参数 θ 的 μ 的转化;也就是 $g(\mu) = \theta = \log_e(\mu)$。此连结函数最常被用在泊松回归中,虽然其他的连结函数也是可能的。例如,我们可以用非标准的同一性函数 $g(\mu) = \mu$。在有些例子中,一个非标准的连结可能比标准连结更好地拟合了某种特别的数据。我们在后面会看到,广义线性模型假设因变量分布是指数家族中的一员。当分布以指数形式表示时,每个指数家族中的分布都有其自己的标准参数 θ 为其平均数的函数。当然,函数 $\theta(\mu)$ 对不同指数家族中的成员都不同。如泊松分布,我们知道它是 $\theta(\mu) = \log_e(\mu)$。有关 logistic 回归的二元分布则是:

$$\theta(\mu) = \log_e \frac{\mu}{1-\mu}$$

对于正态分布,$\theta(\mu) = \mu$——也就是说,它是一个同一性连结。

　　除了正态分布以外,广义线性模型的第二个成分,是因变量的方差为其平均值的一个函数。这是指数家族成员的一个分布特性,也是广义线性模型背后的响应分布。泊松分布的方差为 $\mathrm{Var}(y) = \mu$,而二元分布的方差为 $\mathrm{Var}(y) = \mu(1-\mu)$。对正态分布而言,方差是固定的,即 $\mathrm{Var}(y) = \sigma^2$。

　　广义线性模型假设因变量的观察值 $y_1, y_2, \cdots, y_n$ 是相互独立的,且共享指数家族中相同形式的参数分布。观察值

的平均数 μ_1，μ_2，…，μ_n 可以不同,但每个观察值必须都能由相同的概率分布所产生(例如,都以泊松分布产生)。这意味着每个观察值的平均数不同,因为广义线性模型假设平均数或平均数的某种非线性函数与一组自变量有关。也就是说,假设我们有一组$(p+1)$回归参数 β_0，β_1，…，β_p,且有一组相关的自变量 X_1，X_2，…，X_p,则适当的连结函数为 $g(\mu) = \sum_{j=0}^{p} \beta_j X_j$。

其次,我们检视广义线性模型所立足的、来自于指数家族概率分布的特性。

第 1 节 ｜ 指数家族分布

　　广义线性模型涉及可以用指数形式来表示的概率分布，这些分布为指数家族分布的成员。当以指数形式表示时，有一个标准参数为平均数的函数，且方差也是平均数的一个函数。例如，泊松分布的标准参数为 $\log_e(\mu)$，分布的方差为 μ。

　　正态分布通常表示为：

$$f(y \mid \mu, \sigma^2) = \frac{1}{\sqrt{2\pi\sigma^2}} e^{-\frac{1}{2}\frac{(y-\mu)^2}{\sigma^2}}$$

其中，μ 和 σ^2 分别为分布参数的平均数和方差。注意，分布已是部分为指数形式。使用代数方法，可以表示为：

$$f(y \mid \mu, \sigma^2) = e^{\frac{\left(y\mu - \frac{\mu^2}{2}\right)}{\sigma^2} - \frac{1}{2}\left(\frac{y^2}{\sigma^2} + \log_e(2\pi\sigma^2)\right)}$$

所有指数家族的分布都可以表示为：

$$f(y \mid \theta, \varphi) = e^{\frac{y\theta - b(\theta)}{\phi} + c(y, \phi)}$$

θ 被称为标准或自然参数，为分布平均数 (μ) 的一个函数；$b(\theta)$ 为标准参数的一个函数，也是平均数的一个函数，因为 θ 为平均数的函数；ϕ 为离散参数，扮演着定义 y 的方差的角色；而 $c(y, \phi)$ 为观察值及离散参数的函数。通过等化以指

数形式表示 μ 和 σ^2 的正态分布 $f(y|\mu,\sigma^2)$ 的项目，与以标准参数 θ 和 ϕ 表示的指数型态中的项目，我们便可以确定对正态分布而言，这些参数（θ 和 ϕ）及函数 $b(\theta)$ 和 $c(y,\phi)$ 的含义。我们发现 $\mu=\theta$，$b(\theta)=\theta^2/2$，$\phi=\sigma^2$，且：

$$c(y,\phi)=-\frac{1}{2}\left(\frac{y^2}{\sigma^2}+\log_e(2\pi\sigma^2)\right)$$

一个重要的成分 θ 为 μ 的函数，以 $\theta(\mu)$ 表示，被称为标准连结函数。它连结了平均数和标准参数，并可以用回归参数的一个线性函数来表示。另一个指数家族分布的重要成分是方差函数，也就是 $b(\theta)$ 的二次导数 $b''(\theta)$。对正态分布而言，二次导数为 $b(\theta)=\theta^2/2=1$。此分布的方差为 $\varphi b''(\theta)$，φ 为离散参数，且 $b''(\theta)$ 为 $b(\theta)$ 的二次导数。对于正态分布，$\varphi=\sigma^2$ 且方差函数 $b''(\theta)=1$，故正态分布变量的方差为 σ^2。它是一个常数且不是平均数的一个函数。

每个指数分布家族中的成员都有其自身的连结函数 $\theta(\mu)$ 和方差函数 $b''(\theta)$。方差函数也可以用平均数 μ 来表示，因为 θ 为 μ 的函数。以 $V(\mu)$ 来表示，它说明方差为 μ 的一个函数。我们如果检验泊松分布并以指数形式来表示，故可以确定 $\theta(\mu)$ 和 $b''(\theta)$。泊松分布有一个参数 μ（也常以 λ 表示）。泊松分布以先前讨论的平均数表示为：

$$f(y\mid\mu)=\frac{\mu^y e^{-\mu}}{y!}$$

"!"记号为阶乘，且 $y!=y(y-1)(y-2)(y-3)\cdots1$。泊松分布的指数形式可被表示为 $f(y\mid\mu)=e^{y\log_e\mu-\mu-\log y!}$。

将此与标准指数形式 $f(y|\theta,\phi)$ 等化，我们得到 $f(y|\theta,\phi)=e^{y\theta-e^\theta-\log_e y!}$。因为 $\theta=\log_e\mu$，$b(\theta)=e^\theta$，$\phi=1$ 且

$c(y, \theta) = \log_e y!$。此标准连结函数为 $\theta = \log_e(\mu)$，方差函数为 $b''(\theta)$。用一个 μ 的函数表示的方差函数是同一性函数 $V(\mu) = \mu$，因为 $e^\theta = e^{\log_e \mu} = \mu$。因为 $\phi = 1$，平均数为 μ 的泊松分布，其方差也为 μ。泊松分布不像正态分布那样涉及一个未知的离散参数，因为它是一个等于 1 的常数。这里说明的原则可以应用到指数家族的其他分布。对所有的例子而言，标准参数可以被定义为自变量的唯一线性函数，即 $\theta = \sum_{j=0}^{p} \beta_j X_j$。

第 2 节 | 经典正态回归

对正态分布的因变量而言，我们通常使用同一性连结——也就是 $g(\mu) = \mu$。注意，正态分布的标准参数为 $\theta(\mu) = \mu$，所以 $g(\mu) = \mu$。我们直接模型化 μ 而不用对 μ 做任何转换。因此 $y = \beta_0 + \beta_1 X_1 + \cdots + \beta_p X_p + \varepsilon$，$y$ 的期望值或 μ 为 $\beta_0 + \beta_1 X_1 + \cdots + \beta_p X_p$，且假设 ε 服从均值为 0、方差为 σ^2 的正态分布。ε 的方差并不像其他的广义线性模型那样根据平均数而定；对于所有的观察值而言，它（方差）被假设为是固定不变的。此模型的回归参数可以被解释为，在其他自变量固定的条件下，相对应的自变量中每一单位的增加所导致 μ 增加的效应。

对于其他广义线性模型，如 logistic 和泊松回归模型，回归参数表示经由连结函数（也就是，平均数的某种非线性转换，且并不是平均数）相对应自变量的每一单位的增加所造成的增加效应。

第 3 节 ｜ logistic 回归

logistic 回归被用来模型化某事件的概率，比如，以一个学生特征函数表示的退学。logistic 回归的标准连结为 logit，即 $\log \frac{\pi}{1-\pi}$，其中 π 为二元因变量的平均数或事件发生的概率。因此，$\log \frac{\pi}{1-\pi}$ 可表示为自变量的一个线性函数，即 $\log \frac{\pi}{1-\pi} = \beta_0 + \beta_1 X_1 + \cdots + \beta_p X_p$，其中 β_0，β_1，$\cdots$，β_p 为回归系数。在似然函数中运用的误差分布为二项式分布。对二项式分布而言，方差为平均数的函数，它等于 $\pi(1-\pi)$。虽然这是对于一个 logistic 回归模型的典型设定，但也还有其他设定方式。例如，可以运用 probit 连结函数，但如果有证据显示较二项式分布能更多地解释二元因变量的变异的话，则可以运用 beta 二项式误差分布。

对于 logistic 回归模型，$\log \frac{\pi}{1-\pi} = \beta_0 + \beta_1 X_1 + \cdots + \beta_p X_p$，所以 β_j 对 logit 的效应是叠加的。由于难以解释对数发生比（log of odds ratio）的叠加效应的大小，因此，我们通常对前述的方程两边指数化可得到：

$$\frac{\pi}{1-\pi} = e^{\beta_0 + \beta_1 X_1 + \cdots + \beta_p X_p} = e^{\beta_0} e^{\beta_1 X_1} \cdots e^{\beta_p X_p}$$

我们可从此转换看出，被指数化的回归参数 e^{β_j} 现在表示，在其余自变量固定不变的情况下，X_j 每一单位的增加所导致的发生比的倍数效应。而 e^{β_j} 项表示发生在 $X_j + 1$ 值上的二元结果的发生比除以发生在 X_j 值上的发生比。注意，我们是模型化 $\dfrac{\pi}{1-\pi}$ 而非 π。

第 4 节 │ 比例风险生存模型

　　生存模型牵涉以自变量的函数来模型化一个事件发生的时间（例如，死亡、退学或找工作）或某事件发生的时间的某个函数。我们将模型化一个以时间为自变量来表示风险的风险函数 $h(t)$。风险是在一给定时间内某事件发生的即时概率。一个常用的生存时间数据的模型为 Cox 比例风险模型，定义为 $h(t) = h_0(t)e^{\beta_0 + \beta_1 X_1 + \cdots + \beta_p X_p}$，其中 $h_0(t)$ 被称为在时间 t 的基线。它是在没有协变量下的风险函数。如果我们将两边除以 $h_0(t)$，就得到：

$$\frac{h(t)}{h_0(t)} = e^{\beta_0 + \beta_1 X_1 + \cdots + \beta_p X_p}$$

可显示一比例词从何而来。对于每个人而言，跨时期的 $e^{\beta_0 + \beta_1 X_1 + \cdots + \beta_p X_p}$ 是固定的，也显示在每一个 t 值下，任何个人的风险函数是基线风险的一个固定比例。对 Cox 比例模型两边取对数，则风险的对数可以用自变量的一个线性函数来模型化。

第 **5** 章

最大似然估计

　　最大似然估计基于估计参数——在我们的例子里是估计回归参数——应该是那些可以极大化说明样本数据的密度函数值的参数。也就是说，根据样本数据，最大似然估计会找到最可能产生样本观察值的参数值。当在给定数据下以一个参数的函数表示此概率密度即称为似然函数。密度函数和似然函数是相同的，但前者视参数是固定的且数据是变化的，后者则视数据是固定的而参数是变化的。最大似然估计值为那些最大化似然函数的参数估计值。在一些例子中，它们可以通过偏微分分析出来。在较为复杂的例子中，可能无法直接分析求解，而必须使用计算机运算。最大似然估计值有很强的统计特性，如有效性。

　　最大似然估计需要指明假设被用来描绘样本数据的一个概率密度函数。由于正态回归模型概率函数的特殊数学形式，回归参数的最大似然估计值等同于最小二乘估计值。但是，对于其他广义线性模型来说并非如此。

　　我们已讨论过的回归方程需要凭借一个由随机样本估计得出的总体参数。为此，我们需要一个统计模型，指出数据是如何产生出来的。对于正态分布的数据，正态分布随机变量 y 的密度函数为：

$$f(y \mid \mu, \sigma^2) = \frac{1}{\sqrt{2\pi\sigma^2}} e^{-\frac{1}{2}\frac{(y-\mu)^2}{\sigma^2}}$$

第 i 个样本成员的 y 的观察值为 y_i，且假设其分布为：

$$f(y_i \mid \mu_i, \sigma^2) = \frac{1}{\sqrt{2\pi\sigma^2}} e^{-\frac{1}{2}\frac{(y_i-\mu_i)^2}{\sigma^2}}$$

即对于每一个观察值 y_i，假设是从一个平均数为 μ_i 的正态分布中产生的，但每一个观察值有着固定的方差 σ^2，因为在 σ^2 上没有小标 i。这是符合正态回归假设的，即条件平均数在不同个人间有所不同，为一协变量函数，但 y_i 的方差则固定不变。

现在，假设 μ_i 为回归参数的一个线性函数，则该回归模型可以表示为：

$$\mu_i = \beta_0 + \sum_{j=1}^{p} \beta_j X_{ij}$$

因此，我们把 y_i 的密度表示为：

$$f(y_i \mid \beta_0, \cdots, \beta_p, \sigma^2) = \frac{1}{\sqrt{2\pi\sigma^2}} e^{-\frac{1}{2}\frac{(y_i-(\beta_0+\sum_{j=1}^{p}\beta_j X_{ij}))^2}{\sigma^2}}$$

为了节省空间，我们将 $\beta_0, \cdots, \beta_p$ 集体表示为一个列向量 $\boldsymbol{\beta}$。因为 y_i 被假设为是相互独立的，样本观察值的联合分布可表示为：

$$f(y_1, y_2, \cdots, y_n \mid \boldsymbol{\beta}, \sigma^2)$$
$$= f(y_1 \mid \boldsymbol{\beta}, \sigma^2) f(y_2 \mid \boldsymbol{\beta}, \sigma^2) \cdots f(y_n \mid \boldsymbol{\beta}, \sigma^2)$$

其中 n 为样本数。因此：

$$f(y_1, y_2, \cdots, y_n \mid \boldsymbol{\beta}, \sigma^2) = \frac{1}{\sqrt{2\pi\sigma^2}} e^{-\frac{1}{2}\frac{(y_i - (\beta_0 + \sum_{j=1}^{p} \beta_j X_{ij}))^2}{\sigma^2}}$$

$$\times \frac{1}{\sqrt{2\pi\sigma^2}} e^{-\frac{1}{2}\frac{(y_i - (\beta_0 + \sum_{j=1}^{p} \beta_j X_{ij}))^2}{\sigma^2}} \cdots$$

$$\times \frac{1}{\sqrt{2\pi\sigma^2}} e^{-\frac{1}{2}\frac{(y_i - (\beta_0 + \sum_{j=1}^{p} \beta_j X_{ij}))^2}{\sigma^2}}$$

可以被缩写为：

$$\prod_{i=1}^{n} \frac{1}{\sqrt{2\pi\sigma^2}} e^{-\frac{1}{2}\frac{(y_i - (\beta_0 + \sum_{j=1}^{p} \beta_j X_{ij}))^2}{\sigma^2}}$$

其中 $\prod_{i=1}^{n}$ 表示 n 个概率密度的乘积。因为常数 $\frac{1}{\sqrt{2\pi\sigma^2}}$ 自乘 n 次，联合概率密度的一个因素为：

$$\left(\frac{1}{\sqrt{2\pi\sigma^2}}\right)^n = \frac{1}{(2\pi\sigma^2)^{n/2}}$$

其中指数 $1/2$ 表示取平方根。另一个牵涉 n 个指数的乘积的因素为：

$$e^{-\frac{1}{2}\frac{(y_i - (\beta_0 + \sum_{j=1}^{p} \beta_j X_{ij}))^2}{\sigma^2}}$$

由于指数可以被加总，

$$e^{-\frac{1}{2}\sum_{j=1}^{n}\frac{(y_i - (\beta_0 + \sum_{j=1}^{p} \beta_j X_{ij}))^2}{\sigma^2}}$$

因此，

$$f(y_1, y_2, \cdots, y_n \mid \boldsymbol{\beta}, \sigma^2) = \frac{1}{(2\pi\sigma^2)^{n/2}} e^{-\frac{1}{2}\sum_{j=1}^{n}\frac{(y_i - (\beta_0 + \sum_{j=1}^{p} \beta_j X_{ij}))^2}{\sigma^2}}$$

以矩阵形式可以写成：

$$f(\boldsymbol{y} \mid \boldsymbol{\beta}, \sigma^2) = \frac{1}{(2\pi\sigma^2)^{n/2}} e^{-\frac{(\boldsymbol{y}-X\boldsymbol{\beta})'(\boldsymbol{y}-X\boldsymbol{\beta})}{2\sigma^2}}$$

其中，$\boldsymbol{X}$ 是一个对 p 个自变量观察值的 $n(p+1)$ 矩阵，且有一前导的列向量（leading column vecter）1 对应于截距参数 β_0，即为列向量 $\boldsymbol{\beta}$ 的第一个要素。

联合概率函数 $f(\boldsymbol{y}\mid\boldsymbol{\beta}, \sigma^2)$ 为给定参数 $(\beta_0, \beta_1, \cdots, \beta_p)' = \boldsymbol{\beta}$ 的条件下随机变量 $(y_1, y_2, \cdots, y_n)' = \boldsymbol{y}$ 的一个函数。为了推论 $\boldsymbol{\beta}$，我们将从样本中产生的 y 值视为固定的，且 $f(\boldsymbol{\beta}, \sigma^2\mid\boldsymbol{y})$ 为 $\boldsymbol{\beta}$ 的一个函数。此以 $L(\boldsymbol{\beta}, \sigma^2\mid\boldsymbol{y})$ 而非 $f(\boldsymbol{\beta}, \sigma^2\mid\boldsymbol{y})$ 表示。我们称之为似然函数。注意，$f(\boldsymbol{y}\mid\boldsymbol{\beta}, \sigma^2)=L(\boldsymbol{\beta}, \sigma^2\mid\boldsymbol{y})$。

我们可以估计最大化似然函数 $L(\boldsymbol{\beta}, \sigma^2\mid\boldsymbol{y})$ 的回归参数 $\boldsymbol{\beta}$，以 $\hat{\boldsymbol{\beta}}$ 表示。这些估计值被称为最大似然估计值（MLE）。它们是最可能从样本观察值 $\boldsymbol{y}=(y_1, y_2, \cdots, y_n)'$ 中所产生的回归参数的估计值。

因为似然函数中有指数项，故比较容易处理似然函数的对数。由于对数函数是一个单调函数，最大化 $L(\boldsymbol{\beta}, \sigma^2\mid\boldsymbol{y})$ 的 β 值就等同于最大化 $\log_e L(\boldsymbol{\beta}, \sigma^2\mid\boldsymbol{y})$ 的 $\boldsymbol{\beta}$ 值。在 $L(\boldsymbol{\beta}, \sigma^2\mid\boldsymbol{y})$ 的两边取对数，我们得到：

$$\log_e L(\boldsymbol{\beta}, \sigma^2 \mid \boldsymbol{y}) = -\frac{n}{2}\log_e(2\pi\sigma^2)$$
$$-\frac{1}{2}\sum_{i=1}^{n}\frac{(y_i-(\beta_0+\sum_{j=1}^{p}\beta_j X_{ij}))^2}{\sigma^2}$$

或者，以矩阵形式来表达：

$$\log_e L(\boldsymbol{\beta}, \sigma^2 \mid \boldsymbol{y}) = -\frac{n}{2}\log_e(2\pi\sigma^2) - \frac{(\boldsymbol{y}-\boldsymbol{X}\boldsymbol{\beta})'(\boldsymbol{y}-\boldsymbol{X}\boldsymbol{\beta})}{2\sigma^2}$$

这被称为对数似然函数且通常以 ℓ 表示。因为 ℓ 视观察值 y_i 为固定的且参数是变化的,因此我们可以写成 $\ell(\beta_0, \beta_1, \cdots, \beta_p, \sigma^2)$,以表示 ℓ 是回归参数的一个多变量函数。

我们要寻找最大似然参数估计值,即最大化 $\ell(\beta_0, \beta_1, \cdots, \beta_p, \sigma^2)$ 的 $\beta_0, \beta_1, \cdots, \beta_p$,以 $\hat{\beta}_0, \hat{\beta}_1, \cdots, \hat{\beta}_p$ 表示。我们可以从最小化 $\sum_{i=1}^{n}\left[y_i-(\beta_0+\sum_{j=1}^{p}\beta_j X_{ij})\right]^2$ 的可能性得到最大化 $\ell(\beta_0, \beta_1, \cdots, \beta_p, \sigma^2)$ 的 β_j。为了找出最大似然估计值 $\hat{\beta}_0, \hat{\beta}_1, \cdots, \hat{\beta}_p$,我们必须对每一个参数的对数似然 ℓ 取偏微分,令偏导数为 0,且同时解具有 $(p+1)$ 个方程的 $\hat{\beta}_0, \hat{\beta}_1, \cdots, \hat{\beta}_p$ 系统。在正态分布因变量的例子里,这些估计方程与那些运用最小二乘法的估计方程相同。然而,这一点并不适用于其他广义线性模型。

对 $(\beta_0, \beta_1, \cdots, \beta_p)$ 偏微分 $\ell(\beta_0, \beta_1, \cdots, \beta_p, \sigma^2)$,以 $\frac{\partial \ell(\beta)}{\partial \beta}$ 表示,并令偏导数为 0,使得 $(\boldsymbol{X'X})\boldsymbol{\beta} - \boldsymbol{X'y} = 0$。因此,$\hat{\boldsymbol{\beta}} = (\boldsymbol{X'X})^{-1}\boldsymbol{X'y}$ 基本上为 y 的线性转换。图 5.1 画出了从一简单回归模型 $y = \beta_0 + \beta_1 X_1 + e$ 得出的 β_0 和 β_1 值的函数的对数似然表面。β_0 和 β_1 的最大似然估计值就是使对数似然函数达到最大值(两正切线交点)时的 β_0 和 β_1 值。图 5.2 通过将 β_1 固定于其最大似然值 $\hat{\beta}_{1(\text{ML})}$,显示了 β_0 的对数似然函数单一面向图。注意,对数似然函数达到最大值的正切线为一斜率为 0 的水平线,并且,它所对应的 β_0 值即为其最大似然估计。图 5.3 通过将 β_0 固定于其最大似然值 $\hat{\beta}_{0(\text{ML})}$,显示了 β_1 的对数似然函数单一面向图。

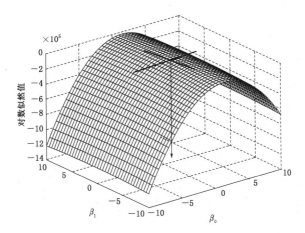

图 5.1　β_0 和 β_1 对数似然值的反应表面

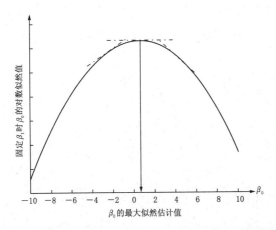

图 5.2　固定 β_1 为其最大似然值时，单一面向的 β_0 对数似然

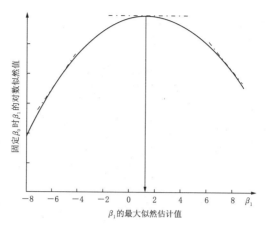

图 5.3　固定 β_0 为其最大似然值下，单一面向的 β_1 对数似然

通常在任何 β_1 值的正切线梯度可通过计算对数似然函数的一阶导数来决定。

图 5.4 显示了邻近 $\hat{\beta}$ 的一阶导数（正切线的斜率）的值。注意，在 $\hat{\beta}_{1(\text{ML})}$ 处的导数为 0，但在其他 β_1 值时并不为 0。

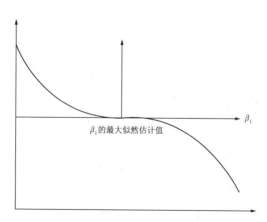

图 5.4　（固定 β_0）邻近 MLE 的 β_1 对数似然的一阶导数

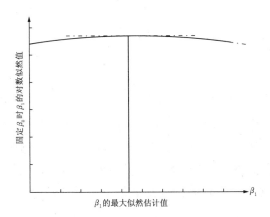

图 5.5　一个不精确的 β_1 估计值的似然方程

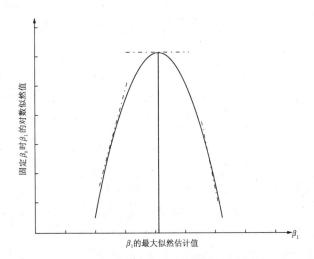

图 5.6　一个精确的 β_1 估计值的似然方程

让我们来检视两个不同的似然函数,并决定关于估计值 $\hat{\beta}_{1(ML)}$ 的精确度。图5.5显示了一个似然函数(根据由10个个案样本的回归模型产生的数据组),在邻近 $\hat{\beta}_{1(ML)}$ 的大部分区域,平坦且宽广。换言之,该广大区域中的 β_1 几乎都产生相同的似然值,且我们不能精确地决定最好的 β_1 估计值。在此区域中,$\hat{\beta}_1$ 的正切线的斜率都接近于0。相反,在图5.6中,另一个似然函数(根据由1000个个案样本的同上述回归模型产生的数据组)则更为"尖锐",且 β_1 的最大似然估计值能更精确地被决定。如图5.6所示,在 β_1 的最大似然估计值 $\hat{\beta}_{1(ML)}$ 附近的正切线斜率,在 β_1 值远离 $\hat{\beta}_{1(ML)}$ 值之后突然变得陡峭了。

非正态回归的广义线性模型会产生一个无法用分析方法来估计回归参数的方程系统。我们必须求助于通过重复循环的计数法来最终逼近最大似然估计值的许多种迭代数值运算法。

第 **6** 章

离差和拟合优度

模型化的目标是要找到一组自变量,以便使模型中的 μ_i 对于观察值 y_i 有较好的拟合。对于正态分布的因变量而言,一个拟合优度的准则为 $\sum_{i=1}^{n}(y_i - \hat{\mu}_i)^2$, $\sum_{i=1}^{n}(y_i - \hat{\mu}_i)^2$ 越小,模型 $\hat{\mu}_i = \beta_0 + \sum_{j=1}^{p}\beta_j X_{ij}$ 就越拟合数据。这就是误差平方和在最小二乘中或最大似然估计的回归参数 β_j 中的最小化。当用误差平方和除以总体方差 σ^2 时,就得到了离差,它是一个根据拟合优度的统计准则,解释广义线性模型在拟合数据方面的优势的项目。

其他广义线性模型(如泊松和 logistic 回归模型)的离差,都不同于正态的例子,并且彼此之间也各不相同。因为,从这些模型中产生的数据具有各自独特的概率函数或似然函数。离差也可以被用来比较两个模型的拟合,这是相减(两个)离差后实现的。例如,如果一个包含较多回归参数的模型的离差与一个包含较少回归参数的模型的离差相比并没有小很多,我们就可以选择包含较少回归参数的那个模型,因为它更为简洁且更容易解释。

较复杂模型(以下称完整模型)与丢弃某些参数的较简单模型(以下称简化模型)的离差间的差异,也可被用来检验

虚无假设,即完整模型中的额外参数都等于零。该差值为卡
方分布统计量(在虚无假设下,额外的参数都等于零),其自
由度等于完整和简化模型两者间参数数目的差异。也就是
说,对于这些广义线性模型,完整和简化模型的拟合差异可
以被直接用于统计检验中,因为其值在虚无假设下,即额外
的参数都等于零,为卡方分布。自由度等于参数数目间差
值。然而,常态模型在其离差中有一个多余参数(nuisance
parameter),即未知的总体方差 σ^2。如果 σ^2 是未知的且需经
由样本估计,我们就无法使用卡方分布而必须使用 F 分布。

现在我们来正式定义离差。离差(D)的定义为
$2[\ell(b_{max}\,|\,y)-\ell(b\,|\,y)]$,其中 $\ell(b_{max}\,|\,y)$ 是对数似然,当对于
每一个观察值的估计的条件平均数 $\hat{\mu}_i$ 都被设为其被观察到
的值 y_i。这个模型会产生最大的对数似然,因为对于每一个
样本成员都有一个个别的参数 $\hat{u}_i = y_i$。参数同样本成员一
样多;因此,模型会完全地拟合数据。我们使用类似这样的
一个模型并没有简化任何事情。然而,它的确显示出被观察
到的样本 y_i 的最大似然。它为我们评价其他不太复杂的模
型提供了一个基准。方括号中的第二项 $\ell(b\,|\,y)$ 是简化模型
的对数似然,其参数为 $\beta = (\beta_0, \beta_1, \cdots, \beta_p)'$,通过最大化似
然估计并且用来产生 $\hat{\mu}_i$。对数似然差值的两倍,给了我们
关于此模型与数据拟合程度的一个提示。

例如,如果我们有 10 个 y_i 的观察值,y_i 为一特别的正
态分布因变量,且有三个自变量 X_{i1},X_{i2} 和 X_{i3},通过替代 y_i
于对数似然的 $\hat{\mu}_i$,则 $\ell(b_{max}\,|\,y)$ 可以被计算出来,而 $\ell(b\,|\,y)$ 可
以通过估计 $\hat{\beta}_0$,$\hat{\beta}_1$,$\hat{\beta}_2$ 和 $\hat{\beta}_3$ 及以 $\hat{\mu}_i = \hat{\beta}_0 + \hat{\beta}_1 X_{i1} + \hat{\beta}_2 X_{i2} + \hat{\beta}_3 X_{i3}$ 替代在对数似然方程中 100 个估计的 $\hat{\mu}_i$ 中

的任何一个计算出来。最大的模型包含 100 个参数,而(目前)考虑的模型仅包含四个参数。离差 D 表示简化模型相对于完全拟合数据的最大模型的优势。

为了比较这两个模型,我们计算它们各自的离差,并用简化模型的离差(D_R)减去完整模型的离差(D_F),即,计算 $D_R - D_F$。如果差值很大,则证据显示完整模型对数据的拟合更好。简化模型的离差永远会比完整模型的离差大。关键是它能否足够大,以确保在模型中增加额外的回归参数。

第 1 节 | 使用离差进行假设检验

我们可以通过在一正式统计检验中的离差间的差额，假设检验在完整模型中额外的参数都等于 0。在虚无假设中，额外的参数都等于 0，$(D_R - D_F)$ 指自由度等于两模型中参数数目差额，即完整模型中额外参数数目的卡方分布。对于广义线性模型，如泊松和 logistic 模型，我们可以计算 $(D_R - D_F)$ 的数值，且在一个相应的自由度（也就是参数数目的差值）下查询卡方表，以决定该卡方是否显著。

第 2 节 | 拟合优度

我们可以通过比较相关的离差来比较各种其他备选模型的拟合。我们也可以比较各种连结函数的拟合。此外，我们应该检验模型的残差以确定是否有些观察值有大的残差，如果有，则表示就这些观察值而言，模型对自变量的拟合不好。

如果最终选择模型的离差很大且查询相应自由度（样本数目减去参数数目）的卡方分布时为统计显著，则可能表示过度离散（overdispersion）。过度离散意味着因变量对于其条件平均数估计的方差较用于模型中的概率分布所期望的大。例如，泊松分布假设分布的方差等于其平均数。如果数据显示它较大，则回归参数的标准误可能需要向上调整，即使是无偏参数估计值。

第 3 节 | 通过残差分析衡量拟合优度

　　同基于正态分布的回归模型一样,适合广义线性模型的各种残差分析可以被用来指明没有被模型解释清楚的拟合不足的观察值,可以用残差图来检验因变量的值对模型的预测值发生系统性偏移的情况。残差分析可以帮助再次指明一个能显示更拟合数据的模型。例如,它可以提供需要二次项的证据,如一个或多个自变量的平方项,或者,它也可以提供证据显示因变量的观察值是相关的,并因此违反了似然函数的独立假设。有些广义线性模型可以适用于观察值之间具有相关性的情况,该相关性源于对相同个体的重复测量结果或同构型群体内的个体聚集效应,如学校中的班级。但此处我们不讨论这些较为复杂的模型。

　　对广义线性模型衡量拟合优度的最简单的残差为 Pearson 残差,即:

$$r_i = \frac{y_i - \hat{\mu}_i}{\sqrt{\text{var}(\hat{\mu}_i)}}$$

帽子数值表示一个观察值的平均数和方差都是从模型估计而来的预测值。例如,在 logistic 回归模型的例子里,$y_i = 1$ 或 0,

$$\hat{\mu}_i = \hat{\pi}_i = \frac{e^{\sum_{j=0}^{p} \hat{\beta}_j X_{ij}}}{1 + e^{\sum_{j=0}^{p} \hat{\beta}_j X_{ij}}}$$

且 $\text{var}(\hat{\mu}_i) = \hat{\pi}_i(1 - \hat{\pi}_i)$。注意，与正态模型将各观察值之间的方差 σ^2 假设为固定有所不同，在 logistic 回归中，每一个观察值 y_i 都有根据回归参数的一个独特方差以及相对应的自变量 X_i 的值。logistic 回归模型的 Pearson 残差为：

$$r_i = \frac{y_i - \hat{\pi}_i}{\sqrt{\hat{\pi}_i(1 - \hat{\pi}_i)}}$$

大的 r_i 值表示对于该观察值失拟。

在泊松回归模型的例子中，

$$r_i = \frac{y_i - \hat{\mu}_i}{\sqrt{\text{var}(\hat{\mu}_i)}} = \frac{y_i - \hat{\mu}_i}{\sqrt{\hat{\mu}_i}}$$

其中，

$$\hat{\mu}_i = \hat{\lambda}_i = e^{\sum_{j=0}^{p} \hat{\beta}_j X_{ij}}$$

对于泊松分布，方差等于其平均数，因此在前述方程中，$\hat{\mu}_i = \text{var}(\hat{\mu}_i)$。对于泊松模型，一个计数的结果变量 y_i 的方差会随着该观察值的期望平均数而变化。

另一个常被使用的残差是离差残差。离差由个别观察值的离差组成。每个单一观察值 y_i 对于离差的贡献，为该模型对于个别观察值 y_i 拟合度的一个测量。如 Pearson 残差，它的定义是根据关于某一特定广义线性模型的离差的形式而定的。

离差残差为：

$$r_i = sign(y_i - \hat{\mu}_i)\sqrt{2(\ell_i(y_i) - \ell_i(\hat{\mu}_i))}$$

$r_i = sign(y_i - \hat{\mu}_i)$ 项表示残差 $(y_i - \hat{\mu}_i)$ 是否为正或负。当第 i 个人的条件式分布平均数为该个人实际的因变量得分时，$\ell(y_i)$ 项为对数似然的值；$\ell(\hat{\mu}_i)$ 为对数似然。当由该模型产生的条件平均数替代到对数似然中时，根号下的项为第 i 个观察值对于整体离差的贡献，如前文所示，它等于 $2\sum_{i=1}^{n}[\ell(y_i) - \ell(\hat{\mu}_i)]$。例如，泊松分布的离差残差为：

$$r_i = sign(y_i - \hat{\mu}_i)\sqrt{2[y_i \log(y_i/\hat{\mu}_i) - (y_i - \hat{\mu}_i)]}$$

第7章

logistic 回归

第 1 节 | logistic 回归概述

我们在第 4 章中简单介绍过 logistic 回归。运用前面讨论过的一些模型化的概念,我们现在要显示如何将 logistic 回归整合到拟合广义线性模型的架构中。一个在真实数据中运用 logistic 回归的例子也会被呈现。贝努利分布(Bernoulli distribution)为二项式分布的特例,用来模型化 0—1 二元结果或因变量,如治疗成功(1)和治疗失败(0),或烟瘾复发(1)和没有复发(0)。事件的哪一个方面被编码为 1 或 0 完全是随意的。一般而言,关注的事件被编码为 1。其他二元结果变量的例子有死亡 vs. 生存和犯罪 vs. 没犯罪。社会科学中其他学科的许多结果也是二元的。它们都是 logistic 回归模型的因变量。

贝努利分布或二元分布为 $f(y \mid \pi) = \pi^y (1-\pi)^{1-y}$,其中 π 为 $y = 1$ 时成功的结果的概率。(y 的值)有两个结果:如果结果是成功的,则 $y = 1$;如果结果是失败的,则 $y = 0$。注意,如果我们将 $y = 1$ 替代至概率分布中,就会得到 $f(1 \mid \pi) = \pi$。如果我们替代 $y = 0$,则得到 $f(0 \mid \pi) = 1-\pi$。如果只有两个结果,且其中一个(结果)的发生概率为 π,则另一个结果的发生概率必然为 $1 - \pi$,因为(两)概率的总和必然等于 1。

这是一个来自于指数家族的相当简单的概率分布,可以很容易地以指数形式表示:

$$f(\mathbf{y} \mid \pi) = e^{y\log_e\left(\frac{\pi}{1-\pi}\right)+\log_e(1-\pi)} = e^{y\theta-\log_e(1+e^{\theta})}$$

其中,标准参数为 $\theta = \log_e\dfrac{\pi}{1-\pi}$ 且 $b(\theta) = \log_e(1+e^{\theta})$。在这个例子中,离散参数 $\phi = 1$ 且 $c(y, \phi) = 0$。标准连结函数为 $\theta = \log_e\dfrac{\pi}{1-\pi}$,且 θ 是我们以协变量的一个线性函数所模型化的参数——即 $\theta = \beta_0 + \sum_{j=1}^{p}\beta_j X_j$。方差函数为 $b''(\theta) = \pi(1-\pi)$。它是一个单一参数分布,且方差 $\pi(1-\pi)$ 与其平均数 π 有关。贝努利分布的对数似然为 $\ell(\pi \mid y) = y\log_e\pi + (1-y)\log_e(1-\pi)$。全样本的对数似然为 $\ell(\pi_1, \cdots, \pi_n \mid y_1, \cdots, y_n) = \sum_{i=1}^{n}\left[y_i\log_e\pi_i + (1-y_i)\log_e(1-\pi_i)\right]$。

与前文相同,我们假设每个观察值或样本成员来自一个有其独特参数 π_i 的贝努利分布。我们想把对数似然 $\ell(\pi|y)$ 写成一个回归参数(即 $\ell(\beta|y)$)的函数,因为它们而不是 π_i,才是我们想要从数据中估计的。代数运算可以显示为:

$$\pi_i = \frac{e^{\sum_{j=0}^{p}\beta_j X_{ij}}}{1+e^{\sum_{j=0}^{p}\beta_j X_{ij}}}$$

而这便是我们替代至对数似然的部分。

为了找到参数的最大似然估计值,我们以回归参数的一个函数的形式替代 $\pi_i(\boldsymbol{\beta})$ 至对数似然方程,并对于每一个参数偏微分令偏导数为 0,并求取回归参数向量的解 $\boldsymbol{\beta}$。因为这些方程的参数为非线性的且不能以分析方法解出,因此必须用迭代运算,例如运用反复重加权(iterative reweighted)最小

二乘法来求解 $\boldsymbol{\beta}$。

logistic 模型的离差为 $D = 2[\ell(\boldsymbol{y} \mid \boldsymbol{y}) - \ell(\hat{\boldsymbol{\beta}} \mid \boldsymbol{y})]$，其中 $\boldsymbol{y}$ 为二元结果变量 $(y_1, y_2, \cdots, y_n)'$ 的向量，且 $\hat{\boldsymbol{\beta}}$ 为最大似然回归参数估计值的向量。似然饱和（saturated）模型为 $\ell(\boldsymbol{y} \mid \boldsymbol{y})$，其中参数 π_i 的最大似然估计值为 y_i；即对于每一个观察值都有一个独特的参数估计值。对于贝努利分布，$\ell(\boldsymbol{y} \mid \boldsymbol{y}) = \sum_{i=1}^{n} [y_i \log_e y_i + (1 - y_i) \log_e (1 - y_i)]$。注意，当 y_i 是 0 或 1 时，方括号中的项目等于 0，所以 $\ell(\boldsymbol{y} \mid \boldsymbol{y}) = 0$。因此，离差可简化为：

$$D = -2\ell(\hat{\boldsymbol{\beta}} \mid \boldsymbol{y}) = -2 \sum_{i=1}^{n} [y_i \log_e \hat{\pi}_i(\hat{\beta}) + (1 - y_i) \log_e (1 - \hat{\pi}_i(\hat{\beta}))]$$

其中 $\hat{\pi}_i(\hat{\boldsymbol{\beta}})$ 表示最大似然估计值，$\hat{\pi}_i$ 为最大似然回归参数估计值 $\hat{\boldsymbol{\beta}} = (\hat{\beta}_0, \hat{\beta}_1, \cdots, \hat{\beta}_p)'$ 的一个函数。同前述：

$$\hat{\pi}_i(\hat{\boldsymbol{\beta}}) = \hat{p}_i = \frac{e^{\sum_{j=0}^{p} \hat{\beta}_j X_{ij}}}{1 + e^{\sum_{j=0}^{p} \hat{\beta}_j X_{ij}}}$$

因此，对于一个特殊的 logistic 回归模型，$D = -2\ell(\hat{\boldsymbol{\beta}} \mid \boldsymbol{y})$ 测量了设想中的模型的拟合数据程度。如前述，两个不同回归模型（其中一个是简化模型，包含的参数是完整模型中参数的一个子集）离差间的差异，就是具有自由度等于完整和简化模型两者参数数目差值的卡方分布，可以用来比较一个特定的模型与一个参数较少的简化模型的相对拟合。如果服从卡方分布的 $(D_R - D_F)$ 在适当的自由度下不显著，则证据显示完整模型中的多余变量是不必要的，一个有较少回归参数的较简单模型就已足够。

如果我们想要检验特定的单个回归参数是否在统计上显著,则可以构建 $\dfrac{\hat{\beta}_j}{\hat{\sigma}_{\beta_j}}$ 这一 t 比率,并将该 t 比率与一个自由度为 $(n-p-1)$ 的 t 分布相比较,以确定它是否统计显著。(该比率式中的)分母为回归参数估计值的标准误。我们也可以通过取在模型中有该参数的离差差额和无该参数的离差差额来检验回归参数的显著与否,并且查自由度为 1 的卡方表。

如同所有的回归模型一样,logistic 回归的主要兴趣是在参数估计值、估计标准误、t 比率以及统计显著程度。这些信息构成了所有估计广义线性模型的统计软件的核心产物。对于每种广义线性模型,有关其对于因变量的效应的回归参数都有不同的解释。

对于 logistic 回归,连结函数为其平均值的非线性函数,也就是说,$\log_e\left(\dfrac{\pi_i}{1-\pi_i}\right)$ 为回归参数的一个线性函数。因此,β_j 表示因 X_{ij} 增加一个单位时在 $\log_e\left(\dfrac{\pi_i}{1-\pi_i}\right)$ 中的改变,而并不是指 π_i(贝努利分布的平均数)的变化。

解释 β_j 是非常困难的,因为它反映了 $\log_e\left(\dfrac{\pi_i}{1-\pi_i}\right)$ 的变化。如果我们指数化 β_j(即 e^{β_j}),则 e^{β_j} 测量了 X_i 每增加一个单位时发生比率的变化。让我们以一个简单的、只有单一自变量的 logistic 回归的例子来说明。令 $\log_e\left(\dfrac{\pi}{1-\pi}\right)=\beta_0+\beta_1 X_1$。图 7.1 显示了此函数。

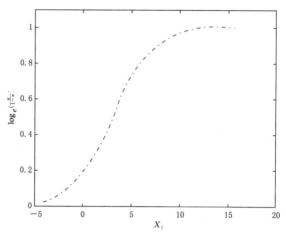

图 7.1 logistic 回归函数

如果我们将此 logistic 回归方程的两边指数化,则:

$$\frac{\pi}{1-\pi} = e^{\beta_0 + \beta_1 X_1} = e^{\beta_0} e^{\beta_1 X_1}$$

如果我们将 X_1 增加一个单位,则:

$$\frac{\pi^*}{1-\pi^*} = e^{\beta_0 + \beta_1 (X_1 + 1)} = e^{\beta_0} e^{\beta_1 X_1} e^{\beta_1}$$

我们可以通过将第二个方程除以第一个方程得到 e^{β_1},即:

$$\frac{\dfrac{\pi^*}{1-\pi^*}}{\dfrac{\pi}{1-\pi}} = \frac{e^{\beta_0} e^{\beta_1 X_1} e^{\beta_1}}{e^{\beta_0} e^{\beta_1 X_1}} = e^{\beta_1}$$

因此,e^{β_1} 代表因 X_1 增加一个单位而导致的发生比的增加或减少。如果 β_1 为正,则 e^{β_1} 大于 1,表示因 X_1 增加一个单位而导致的发生比的增加。例如,如果 β_1 等于 0.1,则 $e^{0.1}$ 等于 1.11,X_1 增加一个单位导致了发生比增加 11%。一个大的

β_1 正值会导致大的 e^{β_1} 值,也因此代表因 X_1 增加一个单位而导致的发生比的大幅增加。然而,如果 β_1 为负,则 e^{β_1} 小于1,代表因 X_1 增加一个单位而导致的发生比的减少。例如,如果 β_1 等于 -0.1,则 $e^{-0.1}$ 等于 0.90,X_1 增加一个单位导致了发生比减少 10%。一个大的 β_1 负值会导致小的 e^{β_1} 值及发生比的大幅减少。

除了 logistic 连结外,还有其他可以用来模型化二元变量的连结函数(如 probit),但它们基本上都会给出与 logistic 回归相同的结果。因为 logistic 的参数较其他模型的参数更易于解释,对二元因变量而言,它是最被广泛使用的模型。

第 2 节 | logistic 回归实例

　　本书第一作者参与了以州级社会指标来估计药物使用流行性及治疗需求的研究。采用州级社会指标方法的基本假设为：一州内的各县社会、人口及经济特性或其他在当地的计划实体（planning entities），都与药物使用流行性及治疗需求有关。县级层次的社会指标实例可从各县、州及联邦机构获得，如家庭收入的中位数；依年龄、性别及种族划分的人口分布；与酒精或药物相关的意外事件率；暴力犯罪率。

　　虽然直接在州的全部人口中调查药物与酒精的使用可能是获取信息的最佳方法，但此方法有一些致命的缺点。衡量药物使用问题的逐年调查费用很高。即使在州层级也有4000 或 5000 名受访者这样相对较大的样本数，对估计县级的药物使用来说它仍然太小。一个州通常不会有超过 50 甚或 100 个县，因此，平均的县级样本数会在 50 至 100 的范围内。这些样本数对于推论任何县级层次上关于药物使用及治疗的需求来讲实在是太小了。

　　如果我们孤立那些根据州级电话访问数据得来的、有助于预测县级药物使用和治疗测量的县级社会指标变量，就可以达成两个重要的目标。第一，可以用 logistic 回归模型对县级层次产生以模型为基础的估计值，这会比仅仅根据每一个县级小样本得到的调查估计值更为精确。也就是说,对于县级层次的药物使用与流行程度的直接调查估计值而言,是根据 50 至 100 个受访者的信息得到的,而根据 logistic 模型得到的间接估计值则是使用一州内所有 4000 或 5000 名受访者的数据得到的。一旦该模型被估计,一个对某种药物或治疗需求的县级的普遍性测量,就可以通过将每个县级社会指标值代入 logistic 回归方程来获取关于该县的药物使用情况或治疗需求概率。在这种情况下,我们不是对估计药物使用的发生比感兴趣,而是对药物使用的概率感兴趣。因为:

$$\frac{\pi}{1-\pi} = e^{\sum_{j=0}^{p} \beta_j X_j}$$

稍做代数转换就会有:

$$\pi = \frac{e^{\sum_{j=0}^{p} \beta_j X_j}}{1 + e^{\sum_{j=0}^{p} \beta_j X_j}} = \frac{1}{1 + e^{-\sum_{j=0}^{p} \beta_j X_j}}$$

因此,只要 β_j 被估计出来,我们就可以将某个县的相关社会指标值 X_j 代入前述方程,以获得该县的药物使用期望值。

第二,当昂贵的药物使用调查数据无法获取时,我们还可以用这个模型来预测未来的药物使用情况。许多县级的社会指标是动态变量,其值会随时间改变(如各种犯罪率)。因此,社会指标数据可在未来数年被收集,并被代入前述方程,以预测未来几年的药物使用情况。在大多数例子中,仅有少量的社会指标变量对于药物使用流行性来说是重要的预测因素,因此只需要收集少量的信息代入前述方程中。logistic 回归方程,也就是前述方程,捕捉了县级社会指标与县级药物使用概率之间的关系。当社会指标随时间改变时,对药物使用及流行程度的预测也会有相应的改变。

这里呈现的 logistic 回归模型是依据一个在南达科他州 (South Dakota) 进行的调查研究。用来校准 logistic 回归的社会指标模型(也就是因变量为受访者的药物使用二元变量)的药物使用和治疗需求的电话调查,是一个总数为 4205 名受访者的样本。南达科他州有 66 个县,且各县级的样本数为 4 到 896。正如所预期的那样,县级样本数与县的人口规模大约是成比例的。县级样本数大多为 50 或更小。若干对药物使用流行性的测量被模型化,包括去年饮酒过度、去年违法药物使用、酒精治疗需求及药物治疗需求。41 个县级层次的社会指标变量数据通过各种渠道搜集而来。它们包括酒精和药物使用指标(如因使用或持有药物的成人逮捕率)、社区解组(disorganization)(如离婚率)、小区犯罪和暴力(如因暴力犯罪的成人逮捕率)、人口特性(如该县的白人人口比例)、社会经济剥夺(如失业率)、酒精及药物的可获得性(如到达最近州际高速公路的距离)、学业失败或缺乏承担义务(如高中辍学率),以及与物质滥用间接相关的社会问题(如青少年生育率)。

由于指标很多且彼此高度相关,故需要使用因子分析来将变量分组,并选一些样本代表每一群变量,或者说来测量每一个因素,这会减少最初的那组社会指标数目。如果减少的社会指标组(数目)同时作为自变量在 logistic 模型中预测各种药物使用测量仍太多,就需逐步用 logistic 回归模型来建立更加简约的模型。

我们对该例子使用这些模型中的其中一种,因变量是二元的,指酒精使用或药物使用的某种干预或治疗需求。如果该受访者有干预需求则被编码为 1,否则为 0。四个县级的

社会指标或自变量为青少年违法饮酒（$JLLV$），以每1000个
青少年违法饮酒数目测量；青少年犯罪被捕率（JVC），以每
1000个青少年被捕率测量；年轻男子比例（YM），测量单位为
占该县人口的比例；该县收入中位数（MI），测量单位为元。
logistic 回归分析结果于表 7.1 中呈现。

表 7.1　药物使用干预之 logistic 回归模型

变　量	参数估计值	标准误	t 比率	显著水平	发生比率
截距	3.7757	0.4202	8.985	<0.0001	—
$JLLV$	−0.00707	0.00317	−2.230	0.0321	0.993
JVC	0.1964	0.0586	3.352	0.0019	1.217
YM	−0.0471	0.0153	−3.078	0.0040	0.954
MI	−0.00007	0.000016	−4.375	0.0001	0.9999

表 7.1 中的 logistic 回归分析结果为 SAS 输出结果的修
正。注意 $JLLV$ 和 MI 的估计回归参数相当小。它们各自有
0.993 和 0.999 的发生比。部分原因与自变量的测量尺度有
关。青少年违法饮酒的发生比率意味着在 1000 名青少年中
每增加一起违法饮酒，就会使药物治疗干预需求的发生比降
低 0.7%[= 100(1 − 0.993)%]，而中位数收入每增加1元，
就会使干预需求的发生比降低 0.1%[= 100(1 − 0.999)%]。

青少年违法饮酒的标准差为每 1000 个青少年中有 14.1
起违法，因此，每1000个青少年中增加一起违法是相对较小
的改变。如果我们改变 $JLLV$ 的测量尺度为标准差单位，则
$JLLV$ 增加一个标准差所导致的发生比率的变化为
$(0.993)^{14.1}$ 或 0.906。因此，$JLLV$ 的标准差每增加一个单
位，会使干预需求的发生比降低 9.4%。即使就标准差单位
而言，这对于 $JLLV$ 也只是一个中等程度的效应。

对于中位数收入来说，更加有意义的变化可以用 1000

美元单位而非 1 美元单位来测量。南达科他州 66 个县的中位数收入位于 11502 美元到 34286 美元之间。如果我们将中位数收入尺度改为以 1000 美元为单位，则相关的发生比率变成了 0.368。这是一个大的效应，因为中位数收入每增加一个 1000 美元，就会使干预需求的发生比降低 63.2%。

每 1000 名青少年的暴力犯罪被捕率为 0 至 3.73，其中许多县显示没有逮捕，因此原本的每 1000 人中有 1 人被捕的度量标准设定似乎是合理的。关于 JVC 的发生比率为 1.217，代表每 1000 人中一次单一逮捕会使干预需求的发生比增加 21.7%，为中度效应。年轻男子（15—34 岁）于各县中所占的比例为 9% 到 23% 之间，且标准差为 2.7%。年轻男子的比例每增加一个标准差，对干预需求的发生比的影响效应为 $(0.954)^{2.7} = 0.881$，即年轻男子的比例每增加一个标准差会使干预需求的发生比降低 11.9%，这是一个中等程度的效应。

青少年犯罪对干预需求发生比的正效应和中位数收入的负效应合乎预期。年轻男子比例的负效应和青少年违法饮酒率的负效应则有些违反我们的直觉经验。或许高违法饮酒率代表相关法律执行单位在检查低龄饮酒时的高度谨慎，因此减少了干预需求。然而，必须谨记，这四个社会指标的效应都是在调整了其余三个变量的影响效应之后的结果。在模型中各变量间的相互关系的形态可能会造成调整过的效应（如男性百分数）与基于二元模型的未调整过的效应的方向相反的情形。

为了获取某县的干预需求预测值，我们只需简单地将它所对应的四个社会指标的值代入下述方程：

$$\hat{p}_{need} = \frac{1}{1 + e^{-(3.7757 - 0.00707JLLV + 0/1964JVC - 0.0471YM - 0.00007MI)}}$$

第8章

泊松回归

第 1 节 | 泊松回归概述

　　泊松回归模型假设回归模型的随机成分有一个特殊的概率分布,即泊松分布。泊松分布适用于计数数据。所谓计数数据,指在给定的一段时间内,一个特定事件发生的次数。下面的计数数据实例适用于泊松分布:在给定的一段时间内(如一年),某个繁忙的交叉路口所发生的交通意外事件数;接线总机在一小时内所接到的电话来电数目;一年内一个罪犯的犯案次数;五年内一个药物成瘾者的治疗次数;以及在给定的一段时间内,某一特定医院因药剂过量者的急诊室进入许可数目。

　　泊松概率密度函数的表达较正态概率密度函数简单得多。

$$f(y \mid \lambda) = \frac{\lambda^y e^{-\lambda}}{y!}$$

其中 $e = 2.7183$(自然对数的底),且 $y! = y(y-1)(y-2)\cdots1$。例如,$6! = 6 \times 5 \times 4 \times 3 \times 2 \times 1$。由此可见,泊松分布中仅有一个参数 λ,它是在一给定时间内的事件平均数。图 8.1 表示在不同 λ 值下的泊松分布。

　　泊松分布为指数家族的成员,因为:

$$f(y \mid \lambda) = e^{(y\log\lambda - \lambda - \log y!)} = e^{(y\theta - e^{\theta} - \log y!)}$$

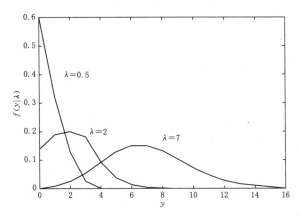

图 8.1　在不同 λ 值 (0.5、2 和 7) 下的泊松分布

因此，标准参数 θ 等于 $\log_e\lambda$，它同样也是标准连结。$b(\theta)$ 的方差函数为 e^θ，其二次导数为 $b''(\theta) = e^\theta$。因为 $e^\theta = \lambda$，泊松分布的方差等于其平均数。当泊松分布的平均数增加，其方差也会增加。随机变量 Y 只能为非负数的整数值——也就是 0，1，2，$\cdots$。泊松分布是左偏的。

对于假设有一个标准连结的泊松回归模型而言，我们假设 $\log_e\lambda$ 为线性模型的一个函数，即 $\log_e\lambda = \sum_{j=0}^{p}\beta_j X_j$。我们将 $\sum_{j=0}^{p}\beta_j X_j$ 代入样本的对数似然中以求取最大化似然函数的 β_j。

因为我们关注回归模型，我们可以检验有 p 个参数的回归模型，是否比仅有一个总体平均数的简单模型（可想象成是在模型中仅有一个截距项的回归模型）更好地拟合数据。我们之前就做过对于仅有总体平均或截距参数的简化模型和有着条件期望值为 λ_i（即回归参数的一个函数）的完整模型，比较两者离差的差异。我们也可以比较完整的和简化的这两个模型,由此再比较这两个模型间离差的差额。该差异服从自由度为回归参数数目差值的卡方分布。如果卡方量为统计显著,我们就接受完整模型。如果不显著,则接受简化模型。

如前所述,离差的定义为 $2[\ell(\boldsymbol{y}\mid\boldsymbol{y})-\ell(\hat{\lambda}\mid\boldsymbol{y})]$,其中 $\ell(\boldsymbol{y}\mid\boldsymbol{y})$ 为拟合值等于数据达到的最大似然。亦即,有如同观察值一样多的参数。第二个似然 $\ell(\hat{\lambda}\mid\boldsymbol{y})$ 为基于预测值 $\hat{\lambda}_i$,$\hat{\lambda}_i$ 由一个 $\hat{\lambda}_i$ 为 $\hat{\beta}$ 的函数,也就是 $\hat{\lambda}_i(\hat{\beta})$ 的回归模型产生。对于泊松分布,离差为:

$$D = 2\left\{\sum_{i=1}^{n}\left[y_i\log\left(\frac{y_i}{\hat{\lambda}_i}\right)-(y_i-\hat{\lambda}_i)\right]\right\}$$

模型化的目标是要找到一个 D 值小的模型,因为它表示条件化平均数或期望值 $\hat{\lambda}_i$ 与观察值 y_i 相近。如果模型完全拟合数据(如同一个饱和模型),则 D 等于 0,因为 $y_i=\hat{\lambda}_i$。我们可以从公式中看到,当 y_i 和 $\hat{\lambda}_i$ 间的差异增加时,D 会变大。因此,它可以用来衡量设想模型的拟合优度。因为 D 为个别离差项目的总和——即 $D=\sum_{i=1}^{n}d_i$——我们可以检验个别 d_i 并确定是否有特别大的 d_i 值。离差残差的定义为 $(y_i-\hat{\lambda}_i)\sqrt{d_i}$,其中如果 $y_i>\hat{\lambda}_i$,$\text{sign}(y_i-\hat{\lambda}_i)$ 为正;如果 $y_i<\hat{\lambda}_i$,为负;如果 $y_i=\hat{\lambda}_i$,等于 0。大的离差残差可能代表失拟。

对于泊松模型,因为 $\log_e\lambda_i=\sum_{j=0}^{p}\beta_jX_{ij}$,这意味着:

$$\lambda_i = e^{\sum_{j=0}^{p}\beta_jX_{ij}} = e^{\beta_0}e^{\beta_1X_{i1}}e^{\beta_2X_{i2}}\cdots e^{\beta_pX_{ip}}$$

因此,在假设其他自变量不变的条件下,X_{ij} 每增加一个单位,就会通过一个 e^{β_j} 改变平均数 λ_i 的值。

第 2 节 ｜ 泊松回归模型实例

　　这里叙述的泊松回归模型是一个对应于一项重要社会政策议题的实际生活实例。本书第一作者为此项目的共同研究者。该项研究涉及北卡罗来纳州囚犯的纪律违反率。监狱官及其他监狱系统的工作者观察到，囚犯的纪律违反率在近期内有较大幅度的增加。有人认为，这种增加是由于判决法的改变。在 1994 年 10 月 1 日以前，有罪的重罪犯依公平判决法（Fair Sentencing Act，FSA）判决。根据 FSA，囚犯有相对长的刑期，但可能使其减半并且有资格假释。从 1994 年 10 月 1 日起，有罪的重罪犯依结构判决法（Structured Sentencing Act，SSA）判决。此法提供相对短的刑期且没有假释资格，即使行为良好也不能提前释放。囚犯可以通过参与某些工作或计划赚取一些时间以提早释放。然而，赚取的时间不能使一名囚犯的服刑时间少于他或她最长刑期的 83％。

　　因此，SSA 囚犯较之于 FSA 囚犯有更少的动机去服从监狱的纪律规范，也因此被预期有较高的纪律违反率。对职工和囚犯安全而言，这可能会导致许多具有危害性的结果。

　　此研究设计旨在测定，根据 SSA 判刑的囚犯与根据 FSA 判刑的囚犯相比，是否具有显著较高的纪律违反率。此研究涉及从 1995 年 6 月 1 日起被送至北卡罗来纳州监狱服刑的所有年龄层的男女囚犯。有些囚犯（从研究中）被排除，例如那些同时根据 FSA 和 SSA 服刑的，以及因为违反假释而回到监狱的。其他的一些排除原因在此不需要讨论。在研究期间有大量的 FSA 和 SSA 囚犯，用于回归分析的数据来自北卡罗来纳州矫正部的计算机化罪犯记录。

此研究涉及分别对男性和女性模型化不同类型的纪律违反率。男性和女性之所以被分开模型化，是因为男性有较高的违反率，且预期 FSA/SSA 及其他协变量对于纪律违反率的效用在男女间有所不同，即，假设 FSA/SSA 及大多数其他协变量与性别有交互作用。我们着重用泊松回归来模型化男性囚犯的总的或整体的纪律违反率。这在此研究计划的所有泊松回归模型估计中可能是最重要的，因为监狱中的囚犯大多是男性，且他们的纪律违反率比女性囚犯高。

泊松回归模型的样本数为 11738。这些囚犯的记录没有缺失值。另外 1026 名囚犯因为有缺失数据被排除在分析之外。因为依据 FSA 和 SSA 判刑的囚犯可能在重要的背景特征上有所差异，也因此被预期会与纪律违反率有关，故需要将它们作为协变量，与 FSA/SSA 这一"甄别"（treatment）或政策变量一同放入模型，以调整 FSA/SSA 政策变量对协变量的影响效应。在囚犯记录数据中有许多可能的协变量，但根据逻辑上的考虑和过去的研究，我们只选择了由某些协变量所构成的一个次集合。

主要感兴趣的变量为结构判决相对于公平判决这一政策变量，以 0—1 指标置入模型中，0 表示公平判决，1 表示结构判决。因此，公平判决代表参照组，用来和结构判决比较。

此 0—1 变量的回归参数代表了结构判决相对于公平判决的影响效应。在此模型中,该参数已经调整了其他协变量的影响效应。

用一个三级的类别变量反映囚犯被判的犯罪类型。第一级是暴力犯罪;第二级是财产犯罪;第三级是公共秩序犯罪。我们假定因暴力犯罪而被判刑的囚犯会较其他两种非暴力犯罪类型的囚犯有更高的纪律违反率。因为有三种犯罪类别,需要两个 0—1 指标变量来代表这个三级的犯罪变量。注意,第三个指标是多余的,因为只要知道任何两个指标变量的值,剩余的一个指标变量值就可以被确定了。因为三个指标变量之间具有完全的多重共线性,所以其中一个必须从模型中去除。我们采用舍弃代表公共秩序犯罪类别的0—1 指标变量。两个剩余的指标变量被编码如下:暴力犯罪编码为 1,如果该囚犯为暴力犯罪群体中的一员,为 0 则否;财产犯罪编码为 1,如果该囚犯为财产犯罪群体中的一员,为 0 则否。同样的,关于财产犯罪类的回归参数测量的是作为财产犯罪群体中的一员相对于作为公共秩序犯罪群体中的一员的效应。

种族有三个类别:黑人、白人和其他。白人被选为参照组。模型中包含一个 0—1 的黑人指标变量和一个 0—1 的其他种族的指标变量。因此,黑人的回归参数反映了相对于白人而言,黑人的纪律违反率。同样的,其他种族群体指标变量反映了相对于白人群体而言,属于其他种族群体的纪律违反率。

有一个三类别变量代表先前的监狱经验与纪律违反的组合。这些类别为:先前的监禁和至少一次(纪律)违反、先前的监禁和没有（纪律）违反、没有先前的监禁。第三个类别，没有先前的监禁为参照组。前两个监狱经验变量都以适当的指标变量来定义。

有一个0—1的指标变量代表该囚犯对于目前的监禁是否在被逮捕时为缓刑。获缓刑的囚犯被编码为1，而未获缓刑者被编码为0。因此，这个变量代表相对于没有缓刑，缓刑对违反率的影响效应。一个指标变量被构造来表示酒精依赖，1表示对于酒精依赖有高度风险，0代表没有高度风险。另有一个相似的变量被用来表示药物依赖。

有四个连续性自变量：开始服刑时的年龄，以年表示；在研究之前就已经在北卡罗来纳州监狱服刑的时间，以年表示；适用目前刑期的年数；预期的刑期长度，以年表示。对于这些连续性变量，相关的回归参数反映了自变量每增加一个单位尺度（如年）所导致的纪律违反率的改变。

对于该项研究，每一个囚犯被观察的时间不固定。要根据囚犯进入研究的时间和因释放而离开研究的时间，或者因为研究结束而无法再观察到囚犯。这个纪律犯罪率随时间变化的期间需要明确地以泊松回归模型来包含，这可以通过包含一抵消于此模型中轻易办到。一个特定囚犯的违反率可以被模型化为 $\log_e \frac{\lambda}{t} = \beta_0 + \beta_1 X_1 + \cdots + \beta_p X_p$，其中 $\frac{\lambda}{t}$ 为某一特定囚犯的违反率。作为分母项的时间为观察到的纪律违反次数的时间长度。因为 $\log_e \frac{\lambda}{t} = \log_e \lambda - \log_e t$，我们可以将前面的回归方程表示为 $\log_e \lambda = \log_e t + \beta_0 + \beta_1 X_1 + \cdots + \beta_p X_p$。$\log_e t$ 为抵消。对于每一个罪犯都会有一

个特定值,且没有关于它的参数可以估计。如果我们将这个
方程的两边指数化,就得到 $\lambda = te^{\beta_0 + \beta_1 X_1 + \cdots + \beta_p X_p}$,而且,我
们可以用 t 的特定值、X_j 的特定值和未知的回归参数写出此
泊松分布的对数似然。对于这个模型回归参数的解释就如
同那些对每一个体有着相同固定观察时间的传统模型。

　　我们用 SAS 软件(SAS Institute,2002)来估计此模型。
如前所述,共有11738个观察值和 14 个自变量。这个模型的
对数似然为 −2661.0231。此值可以用来与其他模型的对数
似然相比较,在其他模型中一组自变量被舍弃以决定是否较
简单的模型在预测违反率时可以像复杂模型一样好(即一个
似然比检验)。此模型的离差为 25659.87。将此离差除以其
自由度得到一个关于此模型拟合优度的衡量,称为尺度化
的(scaled)离差。因为有 11723 个自由度(样本数11738 −
估计回归中的参数数目 15),拟合优度为 2.1888。对于泊
松分布,平均数等于其方差。在这个条件下,我们会预期尺
度化的离差,即我们的拟合优度测量接近于 1。如果它小
于 1,则有一个过低离散(underdispersion)的情况;如果它大
于 1,则有过度离散的情况。在这两种情况下,泊松分布的
平均数与方差相同的条件被违反了,且模型的拟合优度也
被连累(compromised)。

　　违反泊松分布的假设对于回归参数的估计值没有影响;
然而,其对于回归系数的标准误的估计值却有影响。像我们
的例子一样,过度离散通常比过低离散更为常见。过度离散
指的是,作为结果或因变量的计数数据——在我们的例子中
为纪律违反次数——较一个泊松分布所期望的更加多变。
因此,根据最大似然的标准误估计值为实际标准误的低估

值,因为在似然估计方程中使用泊松平均数等于方差这一条件会低估违反次数的方差。我们可以将它们与尺度化的离差的平方根相乘来修正原来的标准误。

同大多数回归模型一样,最重要的结果是含有估计回归参数、标准误、t 比率及显著性程度等标注的一张表格。除了截距参数估计值外,我们的泊松违反率模型包含了 14 个估计的回归参数。最重要的回归参数与结构判决(1)/公平判决(0)这一指标变量有关,因为这是研究的重点。其余的 13 个自变量为囚犯背景变量,用来作为控制变量以调整结构判决和公平判决这两个群体之间因囚犯背景差异所产生的影响效应。囚犯背景变量对于违反率的效应也应受到关注,因为它们代表了影响违反率的风险因素。

我们没有呈现所有 14 个估计的回归参数,而仅仅呈现了结构/公平判决、囚犯年龄、先前入狱及纪律违反历史这几个变量的影响效应。结构/公平判决由一个单一的指标变量所体现,1 代表结构判决,0 代表公平判决。囚犯年龄是以年数衡量的连续变量。先前入狱及纪律违反历史,如前所述,是由两个指标变量所概括的一个包括三个级别的类别变量。第一个(指标变量)将先前有服刑且违反纪律的囚犯赋值为 1,否则为 0。第二个将先前有服刑但没有违反纪律的囚犯赋值为 1,否则为 0。因此,第一个指标变量代表了先前有服刑且违反纪律的囚犯与先前没有服刑的囚犯之间的对比。第二个指标变量代表了先前有服刑但没有违反纪律的囚犯与先前没有服刑的囚犯之间的对比。因此,先前没有入狱经历的为这两个指标变量的参照组。回归分析结果呈现在表 8.1 中。

表 8.1 泊松违反（纪律）模型之参数估计值

变　　量	参数估计值	标准误	t 比率	显著程度
组织对公平判决	0.2413	0.0326	7.40	<0.0001
先前有服刑且违反纪律对先前无服刑	0.5501	0.0403	13.65	<0.0001
先前有服刑但没有违反纪律对先前无服刑	0.0413	0.0341	1.21	<0.2259
囚犯年龄	−0.0831	0.0022	−37.77	<0.0001

　　四个变量中的三个为囚犯违反率的高度显著预测项。结构判决囚犯与公平判决囚犯相比有显著较高的 $\log_e$（违反率）。同理，结构判决囚犯的违反率比公平判决囚犯高。有先前服刑及违规的囚犯，相对于没有先前服刑经验的囚犯，也有着较高的违反率。囚犯年龄的估计回归参数−0.831 高度显著，表示当囚犯的年龄增大时，其违反率会降低。

　　估计的回归参数反映了相关自变量对违反率的自然对数的影响效应。虽然这些估计回归参数的符号和相对大小给了我们关于参数的影响效应的概念，个别估计回归参数却很难解释。因此，通常会指数化估计回归参数（即 e^β），以使它们可以反映在违反率上的倍数效应。计算机程序大多会输出指数化的回归参数估计值，并可以指定显著性水平（如95％）的置信区间。

表 8.2 纪律违反率泊松回归

变　　量	指数化的参数估计值	95％置信区间
组织对公平判决	1.27	[1.19, 1.36]
先前有服刑且违反纪律对先前无服刑	1.73	[1.60, 1.88]
先前有服刑但没有违反纪律对先前无服刑	1.04	[0.97, 1.11]
囚犯年龄	0.92	[0.916, 0.924]

使用表 8.1 中估计的回归参数和标准误,我们在表 8.2 中呈现了指数化回归参数及其 95% 的置信区间。原本的 95% 的置信区间为 $\hat{\beta} \pm 1.96$ 倍 $\hat{\beta}$ 的标准误。因此,$e^{\hat{\beta}}$ 的置信区间为:

$$\left[e^{\hat{\beta}-1.96 se_{\hat{\beta}}} , e^{\hat{\beta}+1.96 se_{\hat{\beta}}} \right]$$

其中 $se_{\hat{\beta}}$ 为 $\hat{\beta}$ 的标准误。

如果 $\hat{\beta}$ 的累加效应为零,则倍数效应 $e^{\hat{\beta}} = e^0 = 1$。因此,一个为 1 的倍数效应代表没有效应。如果倍数效应比 1 小,则相关的自变量对违反率有负的效应。如果倍数效应比 1 大,则相关的自变量对违反率有正的效应。一个负的效应是指当自变量的值上升时违反率降低。如果置信区间涵盖 1,则指数化的回归参数在给定的显著性水平上不具有统计显著性,回归参数也是如此。例如,如果一个 95% 的置信区间涵盖 1,则回归参数在 0.05 水平上统计不显著。

结构/公平判决对总违反率的倍数效应为 1.27。这意味着,结构判决囚犯的违反率比公平判决囚犯的违反率高出 27%。亦即,将公平判决囚犯的违反率乘以 1.27 就可以得到结构判决囚犯的违反率。

先前有入狱及纪律违反史的相对于没有入狱的倍数效应为 1.73。前一个群体的违反率比后者高出 73%。先前有入狱但没有违反纪律的群体与没有入狱的群体,在 0.05 的水平,统计上没有显著差异。注意,95% 的置信区间包含 1,故没有倍数效应,或者,在 $\log_e$ 尺度上没有累加效应。

年龄的倍数效应为 0.92,代表年龄每增加一年违反率会减少 8%。亦即,年龄对于整体违反率的效应是负的。注意,累加效应的参数为负(即 −0.0831)。因为年龄是连续的,我们可以检验年龄的任意增加在减少犯罪率上的效应。例如，年龄增加 10 岁会有一个对于违反率 $e^{10\hat{\beta}_{age}}$ 的倍数，增加一岁的效应为 $e^{\hat{\beta}_{age}}$。因为 $e^{10\hat{\beta}_{age}}$ 等于 $(e^{\hat{\beta}_{age}})^{10}$，我们只要简单地提高 $e^{\hat{\beta}_{age}}$，因增加一年而对违反率的倍数效果，到 10 次方即可。我们可以使用任何计算器简单地完成这一运算。因为 $e^{\hat{\beta}_{age}}$ 为 0.92，年龄增加 10 年的倍数效应为 $(0.92)^{10}$ 或 0.43，即违反率降低 57%。

第 **9** 章

生存分析

　　生存分析,顾名思义,用来预测一个个人或物体生存多久,直到一个事件的发生,如在个人例子中为死亡,在物体(如一个机器的零件)例子中为失效。生存分析在所有科学研究中都有着广泛的运用(Hosmer & Lemeshow, 1999)。例如,在医学研究中,它被用来调查各种药物对癌症患者生存时间的影响。在物理科学中,它被用来模型化各种次系统(如飞机零件)的失效时间,在社会科学中也有广泛的运用。例如,它被用来模型化被解雇后找到一份新工作的时间,一个病患在退出药物滥用治疗计划前所花的时间,以及一个犯人从被监禁后发生一起监狱违规的时间。

　　对于这些问题以及其他类似的问题,我们想对回归模型进行改进以预测生存时间或生存时间的某种函数。也就是说,我们想要决定一组假设的自变量或协变量是否能解释生存时间或一个事件发生所需的时间。例如,知道病患和治疗计划特征与病患在自愿退出之前参与该计划的时间长度如何相关,是有用的。例如,针对参与美沙酮(methadone)治疗计划的海洛因(heroin)成瘾者的一些研究发现,接受美沙酮较高剂量的患者倾向于在治疗(计划)中持续较长的时间。当然,剂量程度以外的变量也被包含在模型中,以调整其他可能会导致治疗持续时间差异的影响,如病患的性别和年龄。

　　这是生存分析在前面讨论过的广义线性模型中所没有发现的一个方向,这使生存分析在某些条件下更加复杂。这个复杂的方向是删截(censoring)。在许多持续时间有限的研究中,不一定对所有的个体都有生存时间数据。在我们的美沙酮治疗例子中,可能有相当大比例的患者在研究期间不会退出治疗。这样一来,我们就不会有这些患者的生存时间,因为他们在研究结束时仍处于治疗状态。另一个例子是一个对五年癌症患者的研究,他们到死亡发生时的生存时间为结果变量:有些患者可能在研究结束时仍然活着。虽然我们无法测量这些患者的生存时间,但我们却有这些患者的某些信息,可以在模型中用来估计回归参数。我们知道,他们存活了某段时间。我们在其后会看到如何将这个信息用于生存分析。除了直到研究结束时还存活的人,也可能有其他人失访以至于我们不知道他们的生存时间。然而,我们可以知道在某一时间点,他们还存活着(图9.1)。

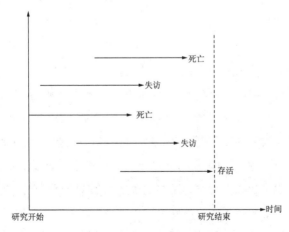

图 9.1　生存分析时间示意图

第 1 节 ｜ 生存时间分布

　　在任何研究中的生存时间因个体的不同而会有所变化。它是一个连续随机变量，且如同其他任何随机变量一样有一个概率函数。许多不同的分布被用来描绘生存时间，包含威布尔（Weibull）、指数、gamma 以及对数正态。故需根据研究本质、理论上的正当理由及所选取的分布与实证研究数据的适切性，来选取一个特殊的分布以用于生存模型中。

　　许多类型的分布都允许生存时间数据有多种形状和尺度（离散）。使用最广泛的分布为威布尔分布，因为它是一个包含了两个参数的分布（一个形状参数 α 和一个尺度参数 λ），根据 α 和 λ 等参数值允许多样的分布。根据参数，威布尔分布可以趋近于指数、gamma 和对数正态分布的形状。图 9.2 画出了有着不同 α 值但却有相同 λ 值的威布尔分布。

　　最简单的生存时间分布为单一参数的指数分布；其为 $f(t) = \lambda e^{-\lambda t}$，有参数 λ。因为它十分简单，所以有时会被用于生存时间的回归模型中。此回归模型的参数，如我们将见到的，易于解释，但也有一些限制，我们将在后面讨论。

　　现在让我们来讨论更多的关于生存时间分布的一些概念。除了通过其概率函数 $f(t)$ 描绘出生存分布，我们也可以其分布函数 $F(t)$ 来直接描绘它。$F(t)$ 为随机变量 T（生存时

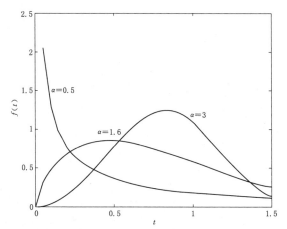

图 9.2　相同尺度参数($\lambda=1.2$)但不同形状参数的三种威布尔分布

间)的概率,等于或小于一个给定的 t 值。对于熟悉微积分的读者而言,此为积分:

$$F(t) = \int_0^t f(t)dt$$

$F(t)$ 为在密度函数 $f(t)$ 下,由 0 至 t 左边的区域(图 9.3)。

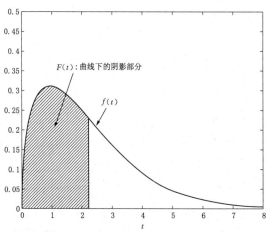

图 9.3　对于一个生存时间随机变量的密度函数($f(t)$)和分布函数($F(t)$)

一个相关的函数 $S(t)$，被称为生存函数，表示生存时间 T 等于或大于 t 的概率。因为在一个密度函数下方的区域为 1，且 $F(t)$ 为 T 小于 t 的概率，$S(t)$ 一定等于 $1-F(t)$。这一点可见图 9.4。即，因为 $F(t)$ 为死亡或发生于时间 t 前的其他事件之概率，$S(t)$ 一定是发生在 t 和其后的事件之概率（图 9.5）。

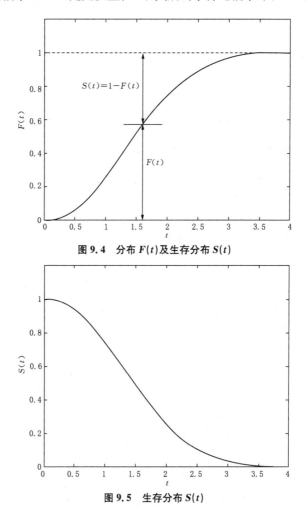

图 9.4　分布 $F(t)$ 及生存分布 $S(t)$

图 9.5　生存分布 $S(t)$

在生存分析中,有一个很重要的时间函数为风险函数 $h(t)$。风险函数 $h(t)$ 被定义为 $f(t)/S(t)$,且可被解释为在给定该个体存活到时间 t 的条件下,事件发生在时间 t 的瞬间概率。它为一条件式概率且为密度函数 $f(t)$ 与生存函数 $S(t)$ 的比。如同密度函数一样,风险函数也可以有各种形式,如图 9.6 所示。

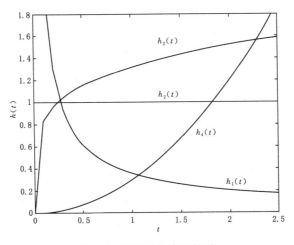

图 9.6 威布尔分布的风险函数

第 2 节 | 指数生存模型

最简单的参数化生存分析涉及指数分布。该密度函数，同前所述，为 $f(t) = \lambda e^{-\lambda t}$，且涉及一个单一参数 λ。相对应的生存函数为 $e^{-\lambda t}$，所以风险函数为：

$$h(t) = \frac{f(t)}{S(t)} = \frac{\lambda e^{-\lambda t}}{e^{-\lambda t}} = \lambda$$

因此，风险为一个常数，而不像在更加复杂的二参数分布（如威布尔分布）中那样（风险）是时间的函数。因为风险 λ 恒正，我们将自变量的一个线性函数模型化 $\log_e \lambda$。即，$\log_e h(t) = \log_e \lambda = \beta_0 + \beta_1 X_1 + \cdots + \beta_p X_p$，或 $\lambda = e^{\beta_0 + \beta_1 X_1 + \cdots + \beta_p X_p}$。对于未删截的数据，我们可以将这些代入对数似然函数中并求取回归参数的最大似然估计值的解。亦即，第 i 个观察值对于对数似然的贡献为 $\log_e f(t_i) = \log_e \lambda_i - \lambda_i t_i = \beta_0 + \beta_1 X_{1i} + \cdots + \beta_p X_{pi} - e^{\beta_0 + \beta_1 X_{1i} + \cdots + \beta_p X_{pi}} t_i$。

如果数据是删截的，则每一个观察值对于似然函数的贡献要根据第 i 个观察值所观察到的值 t_i 判断是否为删截的。对于未删截的生存时间，如前所示，对于对数似然的贡献为 $\log f(t_i)$。对于删截的生存时间，$f(t_i)$ 用于似然函数中并不适当。然而，对于删截的观察值，我们知道生存时间至少是 t_i，即使我们不知道确切的生存时间。这仍是关于回归参数的有用信息,可被用在似然函数里。因此,对于删截的观察值,可用 $S(t_i)$ 作为对似然函数的贡献。我们用一个删截指标 δ_i,对于每一个观察值,如果 $\delta_i = 1$,则 t_i 为未删截的;$\delta_i = 0$,则 t_i 为删截的,因此似然函数可以被写成:

$$\prod_i f(t_i)^{\delta_i} S(t_i)^{1-\delta_i}$$

或

$$\prod_i \lambda_i^{\delta_i} e^{-\lambda_i t_i}$$

其中 $\prod_i$ 表示个别似然的乘积。对数似然为 $\sum_{i=1}^{n} \delta_i \log \lambda_i - \lambda_i t_i$。在对数似然中,将 $\log_e \lambda_i$ 替换为 $\beta_0 + \beta_1 X_{1i} + \cdots + \beta_p X_{pi}$,并将 λ_i 替换为 $e^{\beta_0 + \beta_1 X_{1i} + \cdots + \beta_p X_{pi}}$,并对每一个回归参数求偏导数,我们可获得一组最大似然估计方程。因为方程为非线性的,我们用迭代数值运算法(iterative numerical algorithm)来估计回归参数及其标准误。

如同所有的广义线性模型一样,我们可以从离差的差异来比较许多模型的拟合,或用似然比检定,即 $\chi^2 = -2[\ell(\hat{\beta}_1, 0) - \ell(\hat{\beta}_1, \hat{\beta}_2)]$,其中 $\ell(\hat{\beta}_1, 0)$ 为令 β_2 等于 0 时的较简单模型的对数似然,此简单模型嵌套(nested)于对数似然为 $\ell(\hat{\beta}_1, \hat{\beta}_2)$ 的更复杂的模型中。更复杂的模型包含额外的一组回归参数 β_2。卡方的自由度等于简单与复杂模型中参数数目的差值。如果卡方为统计显著的,则简单模型被拒绝,支持更复杂的模型。如果嵌套模型只相差一个参数,我们就可以用来自完整模型的估计的回归参数及其相关标准误来执行一个 t 检验,以决定这一特定的变量是否应该被包含在模型中。

因为 $\lambda_i = e^{\beta_0 + \beta_1 X_{1i} + \cdots + \beta_p X_{pi}}$，每一个自变量的效应为倍数的，而不像在经典多元回归中效应是累加的。对于一个正的回归参数 β_j，为相关自变量 X_j 一个单位的增加，所导致风险 λ 增加一个 e^{β_j} 的因素。如果 β_j 为负，则 X_j 每增加一个单位会导致风险降低一个 $1 - e^{\beta_j}$ 的因素。对于一个正 β_j，在 X_j 增加两个单位时会导致风险增加 $e^{2\beta_j}$ 倍。同样地，对于一个负 β_j，在 X_j 增加两个单位时会导致风险降低 $1 - e^{2\beta_j}$ 倍。

请注意，指数分布的平均数为 $1/\lambda$，即风险的倒数，这一点很有趣。因此，当指数分布的风险增加，平均数降低，反之亦然。我们可以用估计的回归参数来模型化第 i 个观察值的风险或指数分布的平均数，此为检验相同过程的两种方法。

第 3 节 | 指数生存模型实例

　　一个应用指数生存模型的经典例子是,预测一群孩子们在白血病减轻过程中(in remission)的发作时间(Breslow,1974)。有三个预测或预兆变量:白血球计数的自然对数(log WBC)、年龄和年龄的平方项。log WBC 被用来弥补偏态或WBC 的界外值。使用年龄平方项是因为先前的研究显示在中间年龄范围内(即年龄与生存时间有一个曲线关系)的孩子生存时间是最长的。拟合三个模型——仅有截距(无协变量)、仅有单一变量 WBC 以及所有三个预测因素(WBC、年龄和年龄平方项)——的结果呈现在表 9.1 中。

表 9.1　指数生存模型的回归系数、对数似然值及卡方值

模型编号	预测变量	对数似然值	回归系数	χ^2	df
1	仅有截距	−1332.925			
2	log WBC	−1316.999	0.72	31.85	1
3	log WBC	−1314.065	0.67	37.72	3
	年龄		−0.14		
	年龄平方项		0.011		

资料来源:Breslow(1974)。

　　模型 2 的卡方借由−2(模型 1 的对数似然值−模型 2 的对数似然值)所获得,即 −2[−1332.925−(−1316.999)]=31.85:此亦等于完整和简化模型的离差的差异。卡方的自

由度为 1,因为它与仅含截距的模型只差一个回归参数。故它在 0.001 水平上高度显著。当观察值数目足够大时,1 个自由度的卡方趋近于 t^2。因此,卡方为 31.85,t 值为 $\sqrt{31.85} = 5.64$,且我们知道逼近 2 的 t 在 0.05 水平上是统计显著的。

模型 3 增加了年龄和年龄的平方,其卡方也高度显著($\chi^2 = 37.72$)。我们有理由期望这个模型显著,因为它包含 log WBC,其本身就是一个高度显著的预测项。问题是,增加年龄和年龄平方项是否相较于仅有 log WBC 时显著地增加了 FIC。我们可以将两模型对数似然的差额乘以两倍,检定关于年龄和年龄平方项的回归系数都为零的虚无假设。在卡方表中查询两个自由度所对应的卡方值为 5.87,发现在 0.05 水平上不显著。因此,我们接受虚无假设,即关于年龄和年龄平方项的参数都为零。有两个自由度是因为两个模型中参数数目的差额为 2。因此,我们接受较简单的 WBC 模型。而且,5.87 也等于两个模型离差间的差异。

log WBC 的参数高度显著且为正(0.72)。这表示当 WBC 上升时,风险也随之上升,或者,期望生存时间随之减少。这个指数生存模型为一个比例风险模型的例子。对于指数分布固定的风险函数,会作为自变量的函数而发生变化,但会保持相同的形状——一条水平线。对于任何比例风险模型,个别协变量的重要性为 e^{β_j},而 β_j 为关于第 j 个协变量的回归参数。e^{β_j} 值代表在其他所有协变量固定的条件下,相关协变量 X_j 增加一个单位所导致的风险的倍数改变。在我们的例子中,log WBC 增加一个单位所导致的改变为 $e^{0.72}$ 或 2.05,代表一个约两倍的风险。

第 **10** 章

结 论

广义线性模型提供弹性以使用因变量的不同概率分布来处理各种数据。它们是因变量假设为正态分布且条件平均数为自变量的线性函数的经典回归模型的普遍化。广义线性模型假设平均数的函数 $g(\mu_i)$，而非平均数，是自变量的一个线性函数。因变量可以具有指数家族中的各种分布。连结平均数函数与线性预测变量的连结函数，通常由该因变量的特殊误差分布形态决定。此被称为标准连结。对于正态分布，它是同一性连结 $g(\mu_i) = \mu_i$；对于二项分布，它是 logit 连结 $g(\mu_i) = \log_e \left(\dfrac{\mu_i}{1 - \mu_i} \right)$；对于泊松分布，它是对数连结 $g(\mu_i) = \log_e(\mu_i)$。对于比例风险模型，风险的对数为自变量的线性函数。离差不能用来衡量一个特定模型的拟合优度。但离差间的差异可以用来比较两个备选嵌套模型的拟合。

在本书中所讨论的 GLM 假设观察值之间彼此独立。模型可以被扩展至因为观察值聚集在一个较高的分析层次内（如学校、诊所和班级）因而彼此相关的例子。这些模型被称为混合效应（或随机效应模型），因为它们包含了牵涉回归参数的一个固定成分，再加上一个代表聚集效应的随机成分，正如我们讨论过的模型一样。该随机成分说明了聚集在同一个单位内的观察值之间的相关性。

虽然还有许多其他我们所没有讨论的广义线性模型,但与已经讨论过的模型相比,它们较少被使用。

附　录

本书所涉及的分析都是通过操作 SAS(SAS Institute, 2002)得出的。在 SAS 中有许多程序可以用来执行广泛的统计分析。在此,我们总结一些建立广义线性模型的重要 SAS 程序。

一个在 SAS 中非常富有弹性的程序为 PROC GEN-MOD,它可以估计本书中讨论的所有广义线性模型。有几个内建的连结函数,包括同一性、对数、logit 及 probit,它也允许使用者结合七个内建的分布,即二项式、gamma、倒数、高斯、多项、负二项、正态和泊松,设定它们自己的连结函数。下面,我们提供一些如何使用此程序的例子。在这些例子中,使用者自己的说明以斜体表示,DV 表示因变量,而 IV 表示模型中的自变量。对指令句的评论以/ * ⋯ * /表示。注意,每一个 SAS 指令句都需要以分号(;)作为终结。

(1) 线性回归:连结函数为同一性函数且分布为正态的。
proc genmod data = 数据名称;
class 如果定类自变量存在的话,其之名称;
model DV 的名称 = IV 的名称/dist = normal
                              link = identity;
run;

表 3.1 报告的回归分析可以通过使用下列指令得出：

```
/*以下指令是为了将数据读入 SAS*/
data table31；
input y x1 x2 x3 x4 x5 x6；
datalines；
5 2 3 4 5 5 6/*这为个体 1 的数据，有七个字段，包含*/
/*七个在"input"指令句中定义的定序变量*/
……
；
/*我们在下面不需要"class"陈述，因为所有 IV 都为连续*/
/*变量*/
prog genmod data= table 31；
model y = x1 x2 x3 x4 x5 x6/dist=normal link=identity；
run；/*"run"用来执行上述 SAS 指令*/
```

（2）logistic 回归：连结函数为 logit 且分布为二项的。

```
proc genmod data = 数据名称；
    class 如果定类自变量存在的话，其之名称；
    model DV 的名称 = IV 的名称/dist = binomial link = logit；
run；
```

表 7.1 报告的 logistic 回归分析可以通过使用下列指令
得出：

```
/*以下指令是为了将数据读入 SAS*/
```

```
data table71;
    input interv JLLV JVC YM MI;
    label interv="干预(1)或无(0)"
    JLLV="青少年违法饮酒"
    JVC="暴力犯罪青少年逮捕率(每1000名青少年的被捕数目)"
    YM="年轻男性占该县人口的百分比"
    MI="该县的中位数收入(测量单位为千元)"
;
datalines;
1   250   0.64   0.25   11.5
......
;
proc genmod data= table71;
    model interv = JLLV JVC YM MI /dist = binominal link = logit;
run;
```

（3）泊松分布：连结函数为对数且分布为泊松。

```
proc genmod data = 数据名称;
    class 如果定类自变量存在的话,其之名称;
    model DV 的名称 = IV 的名称/dist = poisson link = log
    offset=被用做抵消的变量名称;
run;
```

注意：抵消变量不可以是 DV 或 IV。

表 8.1 报告的泊松回归分析可以通过使用下列指令得出：

```
data table81;
    input infract sentence prior1 prior2 age time;
    log_time= log(time);/* 此指令用来建立抵消变量 */
    labe linfract ="纪律违反数"
    sentence ="组织判决(1)/公平判决(0)"
    prior1 ="先前有服刑且违反纪律(1)/先前无服刑(0)"
    prior2 ="先前有服刑但没有违反纪律(1)/先前无服刑1(0)"
    age ="囚犯年龄"
    time ="观察到纪律违反数的时间长度"
;
datalines;
4   1   1   0   24   5
……
;
proc genmod data = table81;
    class sentence prior1 prior2;
    model infract = sentence prior1 prior2 age/dist = binomial
                                            link = logit
                                            offset= log_time;
run;
```

（4）生存分析：PROC GENMOD 不能分析删截数据或提供其他有用的生存时间分布，如威布尔或对数正态分布。然而，它可以用于对具有 gamma 分布的未删截数据建模，且可以提供指数分布相对于其他 gamma 分布选择的统计检验。

```
proc genmod data = 数据名称;
    class 如果定类自变量存在的话,其之名称;
    model DV 的名称 = IV 的名称/dist = gamma link = log;
run;
```

指数生存回归也可通过加入一个次指令 SCALE 来估计。

```
proc genmod data = 数据名称;
    class 如果定类自变量存在的话,其之名称;
    model DV 的名称 = IV 的名称/dist = gamma link = log
                                        scale = 1;
run;
```

表 9.1 报告的对数生存分析可以通过使用下列指令得出:

```
data table91;
    input onset age wbc;
    age_sq= age * age;/ * 此指令用来生成年龄的平方项 * /
    log_wbc= log10(WBC);/ * 此指令用来生成 log10(WBC) * /
    label onset ="白血病发作时间"
          wbc ="白血球计数(每千微升)"
          age ="年龄";
datalines;
8   12   14
......
;
/ * 模型 1 * /
```

```
proc genmod data = table91;
    model onset = dist = gamma
                  link = log
                  scale = 1;
run;
```

/ * 模型 2 * /

```
proc genmod data = table91;
    model onset = log_wbc / dist = gamma
                            link = log
                            scale = 1;
run;
```

/ * 模型 3 * /

```
proc genmod data = table91;
    model onset = log_wbc age age_sq / dist = gamma
                                       link = log
                                       scale = 1;
run;
```

为了获得在第 6 章后面叙述过的预测值、pearson 和离差残差,我们可以用次指令来生成这些值,以评估模型的拟合优度。以泊松回归为例进行说明:

```
proc genmod data = 数据名称;
    class 如果定类自变量存在的话,其之名称;
    model DV 的名称=IV 的名称/dist = poisson link = log;
```

offset＝被用做抵消的变量名称

output out＝使用者指明之输出文件名称

pred＝使用者指明之预测值名称

reschi＝使用者指明之生成 Pearson 残差名称

resdev＝使用者指明之生成 deviance 残差名称；

为了打印出预测值和残差，

proc print data ＝ 由上述生成次指令得到的生成变量名称；

PROC GENMOD 也可以被用来分析历时的或聚集的数据，因为篇幅限制，我们在本书中没有讨论。也有其他的 SAS 程序可用来估计广义线性模型的特殊种类。我们仅列出一些一般的用法供读者参考。

对于线性回归

PROC REG 和 **PROC GLM** ∗ :这两个程序都可以用来拟合线性回归并允许定类和连续自变量。对 **REG** 程序，使用者必须建立虚拟变量以代表定类自变量。对于 GLM 程序，使用者不用这么做，但必须要于"**CLASS**"指令句，即 **GLM** 的一个次指令，说明定类自变量。

∗ GLM 这里代表所有的广义线性模型。

对于 logistic 回归

PROC LOGISTIC:可以拟合二项的或定序的(ordinal)结

果之 logistic 回归。也可以提供许多模型建构方法并计算许
多回归参数诊断。

对于 probit 回归

PROC PROBIT：可以执行 logistic 回归、定序的 logistic
回归及 probit 回归。当因变量是二分的（dichotomous）或多
分的（polychotomous）而自变量为连续的，**PROBIT** 程序很有
用。probit 回归与 logistic 回归相似，除了其连结函数为正态
（高斯）而非 logit。

对于生存回归

PROC PHREG：可以执行基于 Cox 比例风险模型的生存
数据之回归分析，其假设了对于解释变量效应的参数形式，
但没有指明生存函数的本质形式。它也允许不能于 **PROC
GENMOD** 中处理的删截生存时间观察值。如果有区间删截
的（interval-censored）观察值（确切的生存时间没被观察到，
仅知道某一个区间），则可以使用 **PROC LIFTEST** 代替。

有一个新开发的程序 **PROC QLIM** 可以估计单变量和多
变量 logit 和 probit 模型。

参考文献

Breslow, N. (1974). "Covariance analysis of survival data under the proportional hazards model". *International Statistics Review*, 43, 43—54.

Chatterjee, S. , & Price, B. (1977). *Regression analysis by example*. New York: John Wiley.

Fahrmeir, L. , & Tutz, G. (1994). *Multivariate statistical modeling based on generalized linear models*. Berlin: Springer-Verlag.

Hosmer, D. W. , & Lemeshow, S. (1999). *Applied survival analysis*. New York: John Wiley.

Le, C. T. (1998). *Applied categorical data analysis*. New York: John Wiley.

Lee, E. T. (1992). *Statistical methods for survival data analysis* (2nd nd.). New York: John Wiley.

McCullagh, P. , & Nelder, J. A. (1989). *Generalized linear models* (2nd ed.). London: Chapman & Hall.

McCulloch, C. E. , & Searle, S. R. (2001). *Generalized, linear, and mixed models*. New York: John Wiley.

Nelder, J. A. , & Wedderburn, T. W. M. (1972). "Generalized linear models". *Journal of the Royal Statistical Society (Series A)*, 135, 370—384.

SAS Institute, Inc. (2002). *SAS/STAT 9 user's guide* (Vols. 1—3). Cary, NC: Author.

译名对照表

alternative	备择
binomial	二项的
binary	二元
censor	删截
component	成分
canonical	标准
conditional mean	条件平均数
covariate	协变量
data	数据
dependent variable	因变量
dispersion	离散
distribution	分布
effect	效应
error	误差
estimate	估计值
estimator	估计量
factor	因素
fit	拟合
gaussian	高斯
generalized linear model	广义线性模型
goodness of fit	拟合优度
heteroscedasticity	异方差性
identity	同一性
independent variable	自变量
lack of fit	失拟
least square	最小二乘
link	连结
likelihood	似然
normal distribution	正态分布
poisson	泊松
predictor	预测(量)

procedure	程序
probability	概率
proportional	比例
ratio	比、比率
residual	残差
skewed	偏斜的
standard deviation	标准差
standard error	标准误
variance	方差

An Introduction to Generalized Linear Models

English language editions published by SAGE Publications of Thousand Oaks, London, New Delhi, Singapore and Washington D. C. , © 2006 by SAGE Publications, Inc.

This simplified Chinese edition for the People's Republic of China is published by arrangement with SAGE Publications, Inc. © SAGE Publications, Inc. & TRUTH & WISDOM PRESS 2019.

本书版权归 SAGE Publications 所有。由 SAGE Publications 授权翻译出版。
上海市版权局著作权合同登记号:图字 09-2009-549

格致方法·定量研究系列